宝贝时令果蔬辅食餐

[韩] 柳汉娜◎主编
王志国◎译

吉林科学技术出版社

序言 Prologue

我从没想过有一天会被叫作妈妈。婚前追求自由的我一直觉得自己完全不适合成为某个人的妻子或某个宝宝的妈妈，因此，我独自度过了最为宝贵的二十几年，三十岁以后才开始步入婚姻生活。由于我的丈夫已经四十出头，而我也三十五六了，我们对于生宝宝并不是很期待。如果能有宝宝，我们会怀着感恩的心好好抚养；而如果一直都没有宝宝的话，我们也会好好地享受自己的兴趣爱好带给我们的快乐。

然而，新婚旅行回来几周后，我就感觉自己的身体发生了一些变化，原来是我们的“雅拉”来找我们了。怀孕初期我觉得非常难受，加上对突然来临的小生命的惶恐、惊讶等心情交织在一起，真是百味杂糅。但是，过了那段惶恐时期后，我不知不觉就开始翘首企盼雅拉的到来了。

本以为妊娠期间没有特别反应，分娩的时候也会很顺利，但实际上却没有想象中的那么简单。到现在我也无法忘记，在经历了诸多痛苦之后，在医院第一次见到我女儿的那一瞬间。当时连眼睛都还没有睁开的小婴儿摇晃着自己的小手，吸吮乳汁时的感觉是任何经历都无法比拟的神奇而又激动的感觉。在度过了那种幸福与惊讶阶段后，我曾努力尝试母乳喂养，但却并非易事。由于乳头被咬出了小口，再加上患上了严重的乳腺炎，所以每一天都是非常辛苦的。但是，我觉得自己能够为宝宝做的最大的一件事就是母乳喂养。雅拉从生出到6个月一直都坚持喂母乳，因为宝宝只有6个月后才能开始添加辅食。

刚开始，对于从事与饮食相关工作的我来说一直认为制作辅食绝对不是件难事儿。在我的脑海中已经出现了好几种辅食的配方，因此去市场买回了所需食材开始制作。直到现在只要一想起来明明只是做一道糊糊，却买回来很多食材就会不自觉地笑出来。最初做出来的辅食是像水一样的米糊，也是我为雅拉做的第一道辅食。当制作完成的时候，感觉比做了山珍海味还要满足。满怀期待喂给宝宝一勺，但却被宝宝吐了出来，甚至还皱紧了眉头想要哭。当时不知道我有多难过，认为会很好吃的辅食出现了什么问题呢？以后如果还是不吃的话该怎么办好呢？出于这些担心，从第二天开始，我非常用心地用很多种食材制作出了花样繁多、口味多样的辅食，结果现在雅拉一顿能吃上满满的一大碗。

随着雅拉开始喜欢吃辅食，我也开始关注起自己的身材。我决心

在雅拉适应辅食期间，我要开始适当减肥瘦身。我选择了用辅食食材一起制作雅拉的辅食和我自己的瘦身餐。几个月之后，婚前曾经穿的衣服也能够毫无困难地穿进去了。我觉得应该把自己的经验告诉大家，因此决定出版成书。希望本书中所提供的辅食制作方法和减肥秘诀能够广为流传，希望我的经验能帮助和我一样的妈妈们。

抚养宝宝、操持家务、投身工作三者能够一起进行是非常不容易的。但是由于公公、婆婆、妈妈、爸爸以及爱人的帮助，这些都成为了可能。非常感谢为本书的出版提供了很多帮助的朋友们。

始于2014年秋季

食物造型师 柳汉娜

与过去相比，母亲所要做的事情并没有减少，而且育儿以外的事情还在增加，所以很多女性都对宝宝辅食的制作和自己的瘦身活动感到有很大的压力。平时我们总是能看到由于产后育儿压力大，妊娠期间长出来的赘肉无法减掉而患严重抑郁症的患者，因此不仅分娩对于女性来说是一种压力，减肥对于女性来说也是一种非常大的压力。

当听到柳汉娜的书要出版的消息时特别高兴。现实生活中很多人都给宝宝喂速食辅食，但是，如果能够多用一些心思的话，不仅能够完成满怀母亲心意的辅食制作，还能够实现母亲的瘦身愿望，这种想法非常好。

本书的内容简单易懂，从选择优质食材的方法，到考虑宝宝健康而使用的天然调味料、肉汤、调味汁的制作方法应有尽有，对于刚刚当妈妈的你来说非常实用。先选择优质的食材给宝宝做辅食，然后用余下的食材制作适合妈妈的瘦身餐，真是一举两得的好办法。

宝宝的辅食非常重要。从食用辅食开始，不能用人工酵母发面。对于他们来说，喂食那些无公害、无添加剂、新鲜、营养价值高的天然食材制作的食物对于宝宝的成长发育是非常重要的。辅食阶段是形成饮食习惯、决定口味的时期，同时也是对于身体和头脑发育非常重要的时期，因此妈妈应该将所有的注意力和爱都集中到宝宝的饮食上来。

同时，对女性的一生来说，最容易变胖的时期就是产后，如果此时不多加注意的话，那么以后就很难再瘦下来了。但是又不能丢下宝宝出去减肥，哺乳期间如果节食的话会对身体健康造成极大损害，而且还很容易出现反弹现象。专门为自己购置食材也并非易事，所以请大家尝试用给宝宝做辅食余下的食材来给自己制作瘦身餐的方法。

本书中所说的瘦身餐，就是从每天的饮食中减少2000焦耳的热量，还能够保持摄入均衡的营养。与此同时，妈妈还可以和宝宝一起散步，在照看宝宝的间隙爬爬楼梯、做下伸展运动、站着洗衣服、边听音乐边清扫房间等，这些日常生活中常做的运动，每天可以消耗掉1200~2000焦耳的热量，这被称为是尼特减肥。如果瘦身餐与尼特减肥一起进行的话，每周减掉1400克体重不再困难。

本书中所介绍的按照月龄使用不同食材制作辅食的配方，清晰展示了作者的精细和爱心。这本宝宝辅食制作新书，妈妈每天都能够照着书去做，建议所有的妈妈都备一本在身边。

在这里，为柳汉娜经历分娩和育儿后，又能推出宝宝辅食制作的新书表示敬意，同时，打心底里期待本书能够成为世上所有妈妈产后的必备书。

医学博士、全科医师、菜品酒师 赵爱京

宝宝早期辅食&妈妈早期瘦身餐

宝宝中期辅食&妈妈中期瘦身餐

宝宝后期辅食&妈妈后期瘦身餐

宝宝结束期辅食&妈妈结束期瘦身餐

了解辅食

什么是辅食

宝宝在出生6个月以后就需要摄取除母乳或奶粉之外的食物。当然，母乳或奶粉还是他们的主食，只是让宝宝为了能够吃较硬的食物而开始进行咀嚼练习。辅食就是在进行这种练习过程中让宝宝与食物亲密接触的过程。

“离乳”具有脱离乳汁的意思。从字面意义就能了解到，这个阶段并不是让宝宝再也不接触母乳或奶粉，而是让他们一点一点地接触块状食物，进而能够向正常饮食进行过渡。

应该从什么时候开始呢

我们无法确定出宝宝开始进入辅食阶段的时间。但是，不满4个月的宝宝最好不要食用除母乳、奶粉、水以外的食物。

这时期宝宝由于胃肠发育并不健全，消化能力不太好。而且，如果过早接触辅食的话，变成过敏体质的可能性会增高。此外，过早让宝宝接触食材，还容易让他们在以后的日子里都拒绝食用某种食材。因此，请不要着急，一定要根据宝宝的实际情况，在4～6个月的时候再开始添加辅食。

辅食该如何制作

如果不是万不得已的情况，最好是自己在家亲手制作辅食比较好。6个月以后的宝宝无法从母乳或奶粉中获取所需要的营养元素，他们特别需要铁和锌，所以添加一些肉类辅食是非常重要的。辅食要从流食开始，然后慢慢演变为块状食物。此时如果添加一些大米、肉类、蔬菜，一定可以制作出非常好的辅食。

刚开始的时候由于宝宝吃的量很少，经常会出现做一次能吃3~4天的情况。这时，我们可以早上只做好粥，剩余的材料在喂食宝宝之前再磨碎或切碎后添加到粥里即可。

早上做好的辅食添加一种食材可以中午的时候喂食，晚上还可以再添加一种食材。此时我们添加的食材最好是像鸡蛋或菜叶类比较容易熟的材料，再或者我们可以用电饭锅来煮粥，在做好粥之后，加入处理好的材料也是一种简便的方法。

需要注意些什么

● 不能彻底断了母乳或奶粉

由于宝宝还是需要通过母乳或奶粉来摄取营养的，因此周岁之前最好母乳或奶粉与辅食并行。周岁之前以母乳或奶粉为主，周岁之后辅食为主。

● 请不要喂食粉末制成的辅食

给宝宝添加辅食一方面是为了让他们更好地获取营养，另一方面也是让他们开始进行咀嚼练习的过程。这时候如果喂食粉末制成的食物，就会让宝宝错过咀嚼练习这个重要的过程。如果这样的话，今后遇到块状食物的时候也许还要再进行这种练习。

● 制作辅食的时候不要添加调味料

制作辅食如果添加调味料的话就无法让宝宝感受到食材原本的味道，我们不要让宝宝是因为调味料而吃辅食。而且，一旦吃过了有咸淡的食物，那么没有咸淡的食物就很难再让他们接受了，慢慢就会只吃味重的食物了。尤其是不满周岁的宝宝肾脏发育还不完全，无法很好地排除盐分，所以周岁之间一定要尽量避免添加调味料。

● 辅食最好从大米开始

大米引发过敏的可能性非常小，对于那些不是以大米为主食的西方人来说，大米也是他们的宝宝最先接触的辅食食材。虽然辅食的食材并不是一定要使用有机产品，但最好使用应季的果蔬来进行制作。

● 观察食用不同食材时宝宝的反应

根据不同的月份选择好食材后要一样一样地添加，并注意观察宝宝的反应。如果是多种食材一起添加的话，最好是在经过测试的食材的基础上进行。如果直接多种食材一起添加的话，即便宝宝出现了异常，也很难弄清楚问题究竟是出在哪种材料上。所以新食材一定要观察两三天，看看他们的反应再添加。

该何时喂食，需要喂食几次

辅食最好在固定的时间喂食，这样能够让宝宝养成正确的饮食习惯。刚开始的时候最好在上午喂食，请在宝宝和妈妈都不疲劳的情况下开始喂食。此外，在喂完辅食之后紧接着喂一些母乳或奶粉不仅能够增加宝宝的饭量，还能够让他养成正确的饮食习惯。这样自然而然就能够在宝宝饿肚子的时候增加喂辅食的量，相应地逐渐减少母乳或奶粉的量。

宝宝不舒服的时候也会出现拒绝辅食的情况，此时最好不要硬要他们吃辅食，最好让他们吃足够的母乳或奶粉。宝宝在不舒服的时候会需要大量的水分，因此除了母乳或奶粉外，还要多喂水。另外，与块状食物相比，柔软好吞咽的食物更为合适。

了解产后瘦身

什么是产后瘦身

所谓产后瘦身就是指在分娩之后进行的减肥运动。妊娠期间为了能让宝宝拥有充足的营养会比平时吃的多，因此很容易胖起来。体重一般会增加8～12千克，平均15千克，虽然每个人由于身体差异增长的重量会不同，但体重方面都会无一例外地有所增长。虽然我们都会认为多出来的体重是因为宝宝造成的，但实际上在我们分娩之后体重也就能少3～4千克。任何女性在分娩结束后都会不自觉地关心该如何减肥，如何让自己的肚子恢复妊娠前的状态，此时所进行的能够恢复到产前体重的过程即为产后瘦身。

什么时候开始好

一般情况下建议大家在产后6个月之内进行产后瘦身。因为如果6个月之内不能对体重进行调节的话，那么我们的身体就会记住产后的体重，想要恢复到妊娠前的状态是非常困难的。但是，产后6周之内属于产褥期，此时减肥并不合适，一直到12周为止，我们的重点都应该放在身体恢复上。因此产后4～6个月之间开始瘦身是最为合适的。如果是纯母乳喂养的话，哺乳会大量燃烧我们体内的脂肪，是有助于瘦身的。因此，在哺乳期间过度减肥的话是非常不可取的。母乳喂养的话，在产后6个月让宝宝开始接触辅食，同时慢慢开始瘦身计划。但如果不是母乳喂养的话，产后3个月之后即

可开始瘦身活动。因此，奶粉喂养的妈妈与母乳喂养的妈妈在瘦身时间上是有所不同的。

何时开始瘦身是妈妈自己的选择，但产后瘦身的最佳时期就是宝宝百天之后到6个月的这段时间。

该如何制作食物

产后瘦身过程中，最好不要食用炸制或者是炒制的食物，而是要用蒸或煮的方法来进行制作。此外还要减少辣椒面、盐、白糖的使用量，不用调料是最基本的原则。

香味较浓的食物也要尽量避免。尤其是母乳喂养的情况，香辛料的味道会对宝宝产生一定的影响。

应该注意些什么

仅凭单纯的食物调节来进行产后瘦身是不合适的，因此还需要配合一定的运动。此时的运动一定要选择能够在家里轻松进行的活动，而且一定要坚持不懈。例如徒手体操或是简单的瑜伽动作。

对瘦身最有效的方法是哺乳。哺乳时会消耗一定的热量，因此是有助于减肥的，但是哺乳过程中一定要及时补充身体所需的营养，切勿造成营养不良。

在照顾宝宝的过程中妈妈经常会出现不能按时吃饭的情况，但还是要尽量在固定的时间段进食。只有饮食规律了才能避免暴饮暴食情况的发生。

瘦身过程中摄取充足的水分也是非常重要的，因此水一定要放在自己周围，要养成想起来就喝点水的习惯。避免食用刺激性食物，尽量吃味道清淡的食物。此外不要忘了一定要摄取富含钙和铁的食物。

应该在什么时候吃，如何吃

产后瘦身的时候最重要的是不要给自己的身体造成损伤。开始瘦身的时候早上喝一杯果汁能够起到解毒的效果。这是为了重新找回身体的平衡。在重新调整了体内状态之后就可以开始进行沙拉减肥了。早上一杯果汁，晚上一份沙拉是非常有效的方法之一。因此，在结束了初期瘦身期间的果汁排毒后，中期瘦身的时候早上喝完果汁之后中午可以正常饮食，晚上的时候可以吃点沙拉，通过这种方式来调节自己的饭量。后期瘦身期间，保持早上一杯果汁，中午和晚上都吃沙拉。当然了，中午的时候吃一些能够让人产生饱腹感的高蛋白沙拉是非常重要的。

如果不想失败的话该如何做

一般情况下，由于产后很难改掉妊娠期间的饮食习惯，因此往往会出现瘦身失败的情况。产后最好要有意识地调整自己的饭量，而且产后依旧还会出现疲劳或者是迟缓的感觉，如果此时不活动的话，那么增加的体重就很难减下去了。所以即便是不喜欢运动，也要强迫自己动一动。

如果不是母乳喂养的话，可以通过运动等方式来消耗掉哺乳过程中燃烧掉的热量。相反，如果是母乳喂养的话，经常会出现以此为借口而吃的比平时多的情况，所以我们需要经常反思一下我们的食入量是否超过了身体正常所需。如果出现体重不变，身体变沉，心情变差的情况，就有可能患上了产后忧郁症，建议最好去医院检查一下。

不同时期辅食的特征

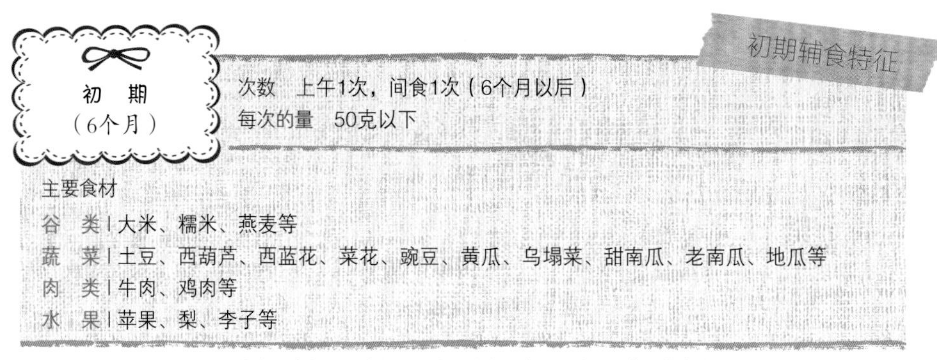

初期辅食特征

初 期
（6个月）

次数　上午1次，间食1次（6个月以后）
每次的量　50克以下

主要食材
谷　类 | 大米、糯米、燕麦等
蔬　菜 | 土豆、西葫芦、西蓝花、菜花、豌豆、黄瓜、乌塌菜、甜南瓜、老南瓜、地瓜等
肉　类 | 牛肉、鸡肉等
水　果 | 苹果、梨、李子等

* 菠菜、萝卜、胡萝卜、白菜、洋葱、牛肉、鸡肉、李子等食材需要6个月以后方可使用。

每天1次，上午哺乳前喂食

刚开始添加辅食的时候最好在上午喂食。这是因为宝宝的新陈代谢在上午最旺盛，而且，一旦宝宝在吃了辅食之后出现呕吐、腹泻、出疹子等情况的话也能迅速前往医院。因此，初期辅食要在上午进行，每天1次，哺乳之前喂食，不够的部分用母乳进行补充。

新食材需要时间观察

宝宝如果适应了米糊就可以一样一样地添加蔬菜了。在添加新食材的时候要一样一样地进行，而且每样食材都要观察4～5天。这样才能了解哪种食材会引发宝宝过敏，从而避免使用这种食材，让宝宝也能够毫无负担地接受新食材。6个月以后可以喂食肉类。菠菜、白菜、胡萝卜含有硝酸盐，因此最好在6个月以后喂食。

在指定的场所用勺子喂食

刚开始的时候宝宝可能会拒绝勺子，但即便如此也一定要使用勺子喂食。如果宝宝不习惯，将食物装到奶瓶里喂食的话，慢慢就会拒绝大颗粒的食物，所以我们一定要在固定的时间、固定的地点喂食，我们一定要让宝宝清醒地认识到一定要在指定的地点用餐这个事实。

中期辅食特征

中 期
（7～8个月）

次数 上午1次，下午1次，间食1次
每次的量 70～120克

主要食材
谷 类 | 大米、粟米、玉米、大麦、高粱等
蔬 菜 | 菠菜、萝卜、胡萝卜、白菜、土豆、洋葱、西葫芦、甜菜、牛蒡、莲藕、紫甘蓝、甜菜等
水 果 | 李子、西瓜、香蕉等
肉 类 | 牛肉、鸡肉等
海藻类 | 海带、裙带菜、紫菜等
豆 类 | 大豆、栗豆、菜豆、黑豆等
蛋 类 | 全熟蛋黄
其他食品 | 米饼、儿童饼干、果汁等

* 玉米、大麦、高粱、面粉、蛋黄能够诱发过敏。
* 初期时可以食用的食材此时也全部可以食用。

上午1次、下午1次喂食

从7个月之后的中期开始就需要每天喂食两次了，哺乳最好是在喂完辅食之后马上进行。一定要注意，不要因为宝宝辅食吃得好就减少母乳或奶粉的量。此时宝宝的消化能力还很弱，因此不宜以辅食为主，而母乳或奶粉中含有宝宝所需要的营养成分，所以平均每天还是需要喂食700毫升左右的母乳或牛奶。

五大类食品需要均匀喂食

进入中期以后就可以用宝宝能够食用的多种食材制作辅食了。此时请大家均匀地喂食碳水化合物、蛋白质、脂肪、维生素、无机物等五大类食品。与母乳或奶粉一起喂食含有谷类、蔬菜、水果、肉类的辅食，可以让宝宝摄取到充足的营养。

请开始进行水杯训练

请大家让宝宝开始使用带柄的杯子、吸管杯或是运动水杯。刚开始的时候可以将奶粉或母乳装入吸管杯或运动水杯，虽然会洒出很多，但还是要让宝宝开始练习使用杯子。

后期辅食特征

后 期
（9~11个月）

次数 上午1次，下午1次，晚上1次，间食1~2次
每次的量 100~150克

主要食材
谷 类 | 大部分谷物类
蔬 菜 | 绿豆芽、黄豆芽、牛蒡、茄子等
水 果 | 甜瓜、香瓜、杏、葡萄、橘子等
肉 类 | 牛肉、鸡肉等
鱼贝类 | 鳕鱼、比目鱼、鲳鱼、明太鱼、小银鱼、白肉海鲜等
海藻类 | 海带、裙带菜、紫菜、海白菜等
豆 类 | 大部分豆类
坚果类 | 芝麻、栗子等
蛋 类 | 全熟蛋黄
面 类 | 龙须面、意面、米粉等
其他食品 | 年糕、面包、儿童奶酪、原味酸奶等

* 黄豆芽、茄子、杏、橘子、原味酸奶、龙须面、儿童奶酪、意面、米粉能够诱发过敏。
* 初期和中期能够食用的食材现阶段也全能食用。

平均每天喂3次辅食，1~2次间食

进入辅食后期最好每天喂食3次块状辅食，1~2次间食。此阶段的宝宝由于可以用幼齿、牙床和舌头碾碎或咀嚼食物，因此在制作的时候尽量小块而且要保证一定要熟烂。

帮助宝宝使用勺子

此阶段的宝宝会希望自己能拿着勺子吃，或者是用手抓着吃。这时，请在旁边帮助他们握着勺子吃饭。此外，我们还可以做一些宝宝手能够抓住的手抓食物，让他们能够感受到自己吃饭的乐趣，即便是把周围弄得很脏也要夸奖他们。只有养成他们自己吃饭的习惯，以后才能真正做到独立用餐。

不要将大人的食物直接给宝宝

辅食中请不要添加调料，请不要用大人食用的汤来泡饭喂给宝宝，如果习惯了味道较重、刺激性较强的食物，那么长大后也很难改掉这种饮食习惯。可以少加一些香油或芝麻盐，或是通过视觉上的刺激来引发他们的食欲。

结束期辅食特征

结束期
（12个月以上）

次数　上午1次，下午1次，晚上1次，间食2次
每次的量　120～200克

主要食材
谷　类 | 大部分谷物类
蔬　菜 | 艾蒿、苦苣、芝麻叶、芥菜、茼蒿、蕨菜、西红柿、韭菜、红灯笼椒等
水　果 | 桃子、草莓、猕猴桃、芒果、橙子等
肉　类 | 大部分肉类
鱼贝类 | 鲭鱼、小银鱼、鳗鱼、章鱼、鱿鱼、螃蟹、虾等
海藻类 | 大部分海藻类
豆　类 | 大部分豆类
坚果类 | 芝麻、栗子等
蛋　类 | 蛋黄、蛋清均可
面　类 | 大部分面类
其他食品 | 蜂蜜、蔬菜干燥后制成的饼干、果汁等

* 薏米、桃子、草莓、猕猴桃、鱿鱼、螃蟹、贝类、生奶油、油豆腐、乌冬面等容易诱发过敏。
* 初期、中期、后期能够食用的食材现阶段也全能食用。

平均每天喂3次辅食，2次间食

进入结束期以后哺乳逐渐减少，辅食分早、中、晚三次提供。此时饮食量虽然重要，但更重要的是要让宝宝在固定的时间用餐。结束期的宝宝需要大量的热量，因此早餐与午餐之间，午餐与晚餐之间要喂2次间食。请不要喂食宝宝非常甜或非常咸的食物，也不要喂食热量过高或市面上销售的果汁、饼干之类的食物。

教会宝宝用餐礼节

此阶段宝宝的手要比之前活动起来更为灵活，因此，可以让他们自己抓着吃或用勺子吃。虽然此时流出来的量要比吃进去的量多，但还是需要让他们自己吃。一定要在固定的位置上喂食，不要让他们把吃饭当成娱乐，也不要让他们在吃饭的过程中东张西望，如果过了吃饭时间宝宝还是不吃，那我们需要果断地收拾桌子。

开始喂食牛奶

周岁以后宝宝就可以饮用牛奶了，牛奶每天最多喂500毫升。2岁之前为了能让宝宝更好地摄取脂肪，请喂食一般牛奶，而不要喂食低脂或脱脂牛奶。

不同阶段的产后瘦身特点

初期产后瘦身特点

初 期

食谱 早餐：果汁 午餐：正常饮食 晚餐：正常饮食

瘦身食材

蔬 菜 | 土豆、地瓜、西葫芦、黄瓜、卷心菜、乌塌菜、甜南瓜、白菜、油菜、萝卜、西蓝花、胡萝卜、红灯笼椒等

水 果 | 香蕉、牛油果、苹果、柠檬、菠萝、橙子、芒果、西瓜等

乳制品 | 牛奶、原味酸奶等

其他食物 | 蜂蜜等

* 最好在哺乳结束后进行瘦身。

早餐喝果汁

刚开始瘦身的时候最好从每天早上喝果汁开始。午餐和晚餐可以正常饮食。由于还需要照顾宝宝，因此太着急对身体也不好。早上喝一杯果汁虽然热量不低，但却能让人有种饱腹感，可以非常轻松地进行调整。

根据情况做熟了吃

有些情况下，用熟了的食物制作果汁更为合适。因为我们身体有些时候是无法完全吸收生食的，而且有些时候也无法消化这些生食。所以说并不是生吃食物都是好的。最重要的是要根据自身的状态进行调节。

使用多种食材

制作果汁的时候最好使用多种类的食材。本书所介绍的果汁配方用的都是给宝宝做辅食剩下的食材。都是以剩余的辅食材料为基础，能够在冰箱里找得到的材料制成的。这样做可以通过一杯果汁品尝到多种食材的味道。

中期产后瘦身特点

食谱 早餐：果汁 午餐：正常饮食 晚餐：沙拉

瘦身食材

谷 类 | 大米

蔬 菜 | 土豆、地瓜、甜南瓜、黄瓜、卷心菜、乌塌菜、西葫芦、白菜、油菜、萝卜、胡萝卜、红灯笼椒等

水 果 | 西柚、苹果等

肉 类 | 鸡胸肉、牛肉等

鱼贝类 | 鳕鱼等

豆 类 | 豌豆、豆腐等

坚果类 | 开心果、葡萄干、花生、蓝莓等

蛋 类 | 鸡蛋

乳制品 | 原味酸奶等

其他食物 | 糕、面包等

早餐喝果汁，晚餐吃沙拉

进入到中期瘦身阶段以后，早餐还是继续维持喝果汁，晚餐开始食用沙拉。产后调理的过程中由于摄入了大量高热量、高脂肪的食物，因此我们的体质转为酸性。所以，我们有必要通过摄入蔬菜来使我们的体质变为碱性。

沙拉请选用多种不同的烹饪方法

随着辅食食材种类的增多，余下的食材种类也变得丰富了。所以我们能够享受到美味多样的沙拉。尤其是在吃沙拉的时候，如果能使用不同的制作方法，那么就可以品尝不同的美味。这样的话我们就可以打破那种瘦身餐都不好吃的偏见。

能够摄取到充足的营养

在照顾宝宝的过程中通过节食来减肥会给身体带来影响。不管怎么说，照顾他们的过程中，每天只吃一顿饭是非常辛苦的。因此，最好按时吃饭，食用低热量，但营养丰富的食物。

增加沙拉的种类

因为减肥而不吃动物蛋白的做法是不好的。所以，在给宝宝用肉类制作辅食的时候，妈妈也可以用肉制成沙拉食用。

食谱 早餐：果汁 午餐：沙拉 晚餐：沙拉或瘦身餐

瘦身食材

谷 类 | 芝麻、燕麦、什锦谷物等

蔬 菜 | 西葫芦、茄子、洋葱、大蒜、甜南瓜、长叶莴苣、苣荬菜、苦苣、红灯笼椒、油菜、胡萝卜、芹菜、香菇、洋莴苣、菠菜、紫甘蓝、地瓜、土豆、黄瓜、莲藕、山药、嫩叶菜、西红柿、蕨菜等

水 果 | 蓝莓、树莓、梨、苹果、橙子、柠檬、杏、猕猴桃、牛油果、西瓜等

肉 类 | 牛肉、鸡胸肉等

鱼贝类 | 小银鱼、虾、鳕鱼、章鱼等

豆 类 | 豆腐等

坚果类 | 松子、花生、开心果等

蛋 类 | 鸡蛋

乳制品 | 帕玛森奶酪、意大利乡村软奶酪、牛奶、生奶油、原味酸奶等

三餐都使用瘦身餐

从之前的早餐一杯果汁，晚餐沙拉变成午餐也吃沙拉和瘦身餐。由于每天照顾宝宝需要消耗大量的热量，因此不需要调整用餐量，最好还是吃到有饱腹感为止。而且，虽然我们吃了很多，但应坚持以果汁和沙拉为主。

美味的沙拉调味汁最重要

即使是不喜欢蔬菜的人，只要倒上美味的调味汁，就会变得非常喜欢吃沙拉了。本书中所介绍的调味汁都是亲自调制的，主要以酸奶、橄榄油为主要材料，瘦身的时候也可以放心食用。如果希望味道更好的话，可以食用白糖，也可以用蜂蜜来代替。

正餐之间吃间食

早上喝果汁，中午和晚上吃沙拉的话中间会容易饿。此时，妈妈也可以一起吃宝宝的间食。本书从进入辅食后期开始，就收录了妈妈和宝宝可以一起吃的辅食食谱，所以大家可以参考。

结束期

食谱 早餐：果汁 午餐：沙拉或瘦身餐 晚餐：沙拉或瘦身餐

瘦身食材

谷 类 | 大米、玉米等
蔬 菜 | 韭菜、洋葱、杏鲍菇、香菇、红辣椒、青辣椒、茄子、卷心菜、黄瓜、胡萝卜、红灯笼椒、莲藕、牛蒡、油菜、蟹味菇、西葫芦、西蓝花、嫩叶菜、甜南瓜、地瓜、土豆等
水 果 | 苹果、梨、西瓜等
肉 类 | 牛肉、鸡胸肉等
鱼贝类 | 虾、贻贝等
豆 类 | 豆腐等
坚果类 | 杏仁等
蛋 类 | 鸡蛋
乳制品 | 豆乳、牛奶、生奶油等

* 结束期虽然主要以沙拉和瘦身餐为主，但最好还是加入一些正常饮食的食谱。

每天三餐

进入到结束期以后没有必要因为减肥而只吃果汁和沙拉。到目前为止我们所使用的减肥食谱并没有对我们的胃肠造成伤害，因此直接正常食用不会出现任何问题。因此，结束期的午餐和晚餐除了早、中、晚食用的果汁、沙拉外，也可以适当加入正常饮食的食谱。但是，要避免过油或过咸的食物。

吃和宝宝一样的食物

妈妈结束期瘦身食谱与宝宝结束期辅食食谱是相似的。这段时期宝宝的低盐菜单也可以成为妈妈的瘦身餐。所以，妈妈和宝宝可以一起吃。在宝宝吃辅食，妈妈吃瘦身餐的时候可以和宝宝一起分享一些小菜。

进入正常饮食阶段的过渡期

在完成了结束期瘦身之后即可进入到正常的饮食阶段。当妈妈开始进入到正常饮食阶段后，宝宝也可以根据具体的情况开始正常饮食。

春季	蔬菜类	鱼&海产品	水果类
3月	芥菜、刺老芽、蕨菜、白菜、垂盆草、水芹菜、艾蒿、蒜薹、小萝卜、小白萝卜、西蓝花、牛蒡、沙参、韭菜、西红柿、香菇、西葫芦、紫甘蓝、卷心菜、莲藕、甜菜等	鲷鱼、鲳鱼、多线鱼、青花鱼、比目鱼、章鱼、泥鳅、巴非蛤、蛤仔、蚶子、文蛤、海带、羊栖菜、紫菜等	草莓、橘子、柠檬等
4月	洋莴苣、紫甘蓝、卷心菜、白菜、茼蒿、艾蒿、生菜、竹笋、蒜薹、蕨菜、蜂斗菜、韭菜、生菜、洋葱、豌豆、菜豆、西红柿、黄瓜、西葫芦、甜菜、莲藕、红灯笼椒、香菇、芦笋等	鲳鱼、黄花鱼、鲷鱼、章鱼、母花蟹、银鱼脯、海蚌等	草莓、杏、香瓜、柠檬等
5月	卷心菜、黄瓜、白菜、红薯叶、水芹菜、洋葱、沙参、生菜、蒜薹、豌豆、韭菜、西葫芦、南瓜叶、冬葵、竹笋、西红柿、茄子、豌豆、香菇、芦笋、甜菜等	鲳鱼、小银鱼、比目鱼、斑鳐、青花鱼、秋刀鱼、鱿鱼、母花蟹、虾米、鲍鱼、章鱼等	草莓、樱桃、梅子、香瓜、柠檬、李子等

夏季	蔬菜类	鱼&海产品	水果类
6月	土豆、玉米、黄瓜、冬葵、甜菜、芹菜、西葫芦、南瓜叶、芝麻叶、菠菜、韭菜、卷心菜、西红柿、红灯笼椒、莲藕、茄子、香菇等	鲷鱼、黄姑鱼、黄花鱼、黑大头鱼、鲶鱼、马鲛鱼、竹荚鱼、鱿鱼、鲍鱼等	香瓜、梅子、西瓜、李子、桃子、杏、葡萄等
7月	玉米、小萝卜、小白萝卜、柿子椒、西葫芦、茄子、韭菜、菠菜、香菇、莲藕、番茄、黄瓜、芝麻叶、洋葱、老黄瓜、洋莴苣、冬葵、甜菜、土豆、玉米、西蓝花等	比目鱼、鲷鱼、小银鱼、鳐鱼、鳗鱼、乌贼、鱿鱼等	西瓜、香瓜、牛油果、李子、桃子、树莓、哈密瓜、葡萄等
8月	土豆、玉米、黄瓜、芝麻叶、红薯叶、地瓜、西葫芦、茄子、小萝卜、西蓝花、卷心菜、洋莴苣、香菇、洋葱、冬葵、甜菜、西红柿、菠菜等	刀鱼、鲤鱼、鳗鱼、竹荚鱼、鱿鱼、鲍鱼、海胆等	西瓜、哈密瓜、桃子、葡萄等

* 在选择辅食材料的时候最好能够选择应季食材。
* 使用应季食材才能吃到健康食品。

秋季	蔬菜类	鱼&海产品	水果类
9月	地瓜、辣椒、胡萝卜、平菇、香菇、松茸、芋头、南瓜、土豆、毛豆、菠菜、黄瓜、韭菜、牛蒡、芝麻叶、洋葱、西红柿、莲藕等	黄花鱼、斑鰶、刀鱼、三文鱼、章鱼、鱿鱼、花蟹、虾、海蜇、牡蛎等	石榴、苹果、梨、葡萄等
10月	菠菜、萝卜、地瓜、辣椒、蟹味菇、平菇、松茸、南瓜、韭菜、橡子、胡萝卜、小萝卜、香葱、西蓝花等	比目鱼、青鱼、偏口鱼、刀鱼、马鲛鱼、青花鱼、秋刀鱼、三文鱼、乌贼、花蟹、对虾、文蛤、贻贝、海螺、牡蛎等	苹果、梨、柿子、木瓜、柚子、石榴、五味子等
11月	胡萝卜、萝卜、葱、莲藕、白菜、南瓜、牛蒡、西蓝花、黄豆芽、竹笋、菠菜、韭菜、南瓜等	刀鱼、马头鱼、鳕鱼、比目鱼、鲳鱼、明太鱼、金枪鱼、三文鱼、鱿鱼、章鱼、海胆、对虾、文蛤、海螺、牡蛎等	苹果、橘子、梨、柚子、猕猴桃、木瓜、五味子、柿子等

冬季	蔬菜类	鱼&海产品	水果类
12月	西蓝花、干菜叶、萝卜、莲藕、菠菜、白菜、豆芽、绿豆芽、胡萝卜、南瓜等	比目鱼、刀鱼、鳕鱼、鲳鱼、偏口鱼、明太鱼、马鲛鱼、青花鱼、鳐鱼、章鱼、花蟹、大螃蟹、虾、海螺、泥鳅、干贝、海白菜、海带、紫菜等	苹果、橘子、香蕉、草莓、柿子、猕猴桃等
1月	牛蒡、莲藕、胡萝卜、萝卜、豆芽、绿豆芽、西蓝花、菠菜、地瓜、老南瓜等	比目鱼、鳕鱼、明太鱼、马头鱼、黄姑鱼、鲳鱼、安康鱼、马鲛鱼、青花鱼、章鱼、虾、干贝、牡蛎、海参、紫菜、海带等	橘子、柿子、苹果、柠檬、草莓等
2月	菠菜、艾蒿、洋葱、白菜、西蓝花、小萝卜、牛蒡、莲藕、胡萝卜、萝卜、黄豆芽、绿豆芽、芥菜、刺老芽、水芹菜等	明太鱼、偏口鱼、鳕鱼、鲳鱼、马鲛鱼、青花鱼、章鱼、虾、泥鳅、干贝、鲍鱼、牡蛎、海松藻、海白菜、海带、紫菜、裙带菜等	苹果、橘子、柠檬、草莓等

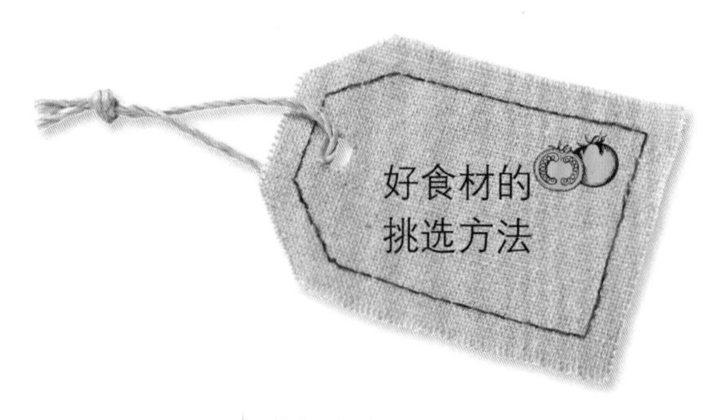

为了能够做出营养百分百的辅食，最重要的是使用新鲜的食材。接下来根据各种食材的特性整理出了挑选新鲜食材的简单方法。希望大家能记住这些，去市场的时候就可以用得到了。

大米&糯米

米粒表面有光泽且光滑的品种为好。米粒大小均匀，碎米少的为好。

玉米

玉米皮呈浅绿色，水感十足的为好。玉米粒饱满，剥下来的时候充满弹力的为好。

猪肉

肉身呈淡粉色，肉质光滑为好。脂肪颜色为白色，用手挤压肉身具有弹力的为好。

牛肉

呈鲜红色，肉质细腻、富有弹性，有光泽的为好。

牛胸肉

肉身呈鲜红色，且有光泽的为好。最好选择能够散发出肉本身的香味，同时肉质光泽紧绷的品种为好。

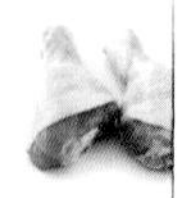

鸡肉

颜色鲜明，用手指挤压能感到鼓鼓的品种为好。毛孔凸起，包装状态肉质少的视为新鲜。

虾

虾体透明有光泽，表皮坚硬的为好。

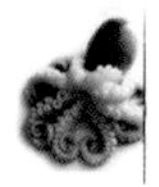

章鱼

没有恶臭，表面不黏，每只腿的吸盘都很鲜明的为好。

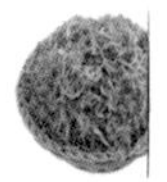

小银鱼

吃的时候能够散发出甜味，呈白色，看起来清透的品种为好。

海带

干海带细长、有光泽，干燥的品种为好。鲜海带色泽鲜润、弹性十足、无腥味散发、尖部没有变黄的品种为好。

贻贝

肉身饱满，熟透的时候壳能够张开的为好。如果是新鲜的贻贝，能够清晰地听到贻贝间相互碰撞的声音。

葡萄干

表皮不黏、干燥的为好。在挑选的时候要注意保质期。

柿饼

仔细观察与树木连接的地方是否生霉，没有生霉且十分干净的品种为好。颜色发黑，过于干燥，很硬的品种不好。

鸡蛋

表皮粗糙，用手拿的时候有厚重感的为好。

魔芋丝

有一定的弹力，不十分柔软的为好。

豆腐

选择表面光滑，边棱没有破损，浸泡豆腐的卤汁冰清凉干净的品种。颜色灰暗，有泡沫，摇晃的时候较为浑浊的不宜选用。

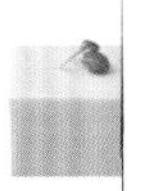

软豆腐
由于是加工品，因此尽量选择在超市购买，装在袋子里面的要确认好保质期。

蜂蜜
呈现均匀的淡黄色，甜味较柔和，且冬天也不会结冰的品种为好。

白菜
如果大小相同，那么沉的那个比较好，白菜帮坚硬，充满水分，较薄的为好。

卷心菜
绿色的表皮包裹严实，重量沉的为好。请选用表面光泽、富有弹性、且包裹成圆形的品种。

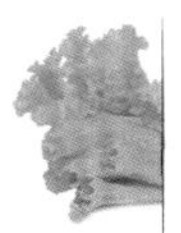

洋莴苣
叶子呈明亮的淡绿色，有光泽，用手拿的时候比较厚重，包芯儿的品种为好。靠近根部的地方呈褐色的为好。

苣荬菜
颜色鲜明有光泽，鲜嫩，茎部坚挺有水分的为好。

乌塌菜
叶子呈鲜绿色，不散开的为好。

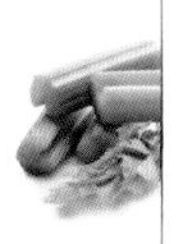

芹菜
叶子呈鲜绿色，茎部呈浅绿色，茎部粗壮较长，且嫩的为好。茎部凹凸均匀的为好。

苦苣
叶子不打蔫儿，呈浅绿色，且叶宽茎长的为好。

菠菜
叶片呈鲜明的绿色，表面粗糙，没有黄叶或打蔫儿叶子的为好。

油菜
叶子呈鲜绿色，不打蔫儿的为好。请选用茎部呈浅绿色并泛有光泽的品种。

韭菜
菜身长而不厚的品种为好。已经开花的韭菜味道不好。

水芹菜
绿色鲜明，茎部不粗且叶子大小相似的为好。

绿豆芽
茎部粗壮并呈现白色的光泽，根部透明的品种为好。

洋葱
表皮干燥有光泽，坚实厚重的为好。表皮呈红色的视为新鲜。挤压时如果发软说明已经烂心了，因此请不要选用。

大蒜
表皮坚硬有重量，呈白色的为好。

西蓝花
花部呈深绿色，花部小而坚挺的为好。

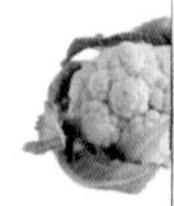

菜花
花部坚挺的为好。

土豆
坚硬，用手拿的时候有厚重感，表皮光滑没有褶皱的品种为好。长芽的土豆由于具有一定的毒性，因此请不要用于制作辅食。

地瓜
颜色均匀鲜亮。表面平整光滑，没有干燥痕迹的为好。

萝卜
呈白色，形状均匀，坚硬的为好。表面高低起伏不平且皮干的有可能已经糠了。上部呈浅绿色的萝卜会更甜一些。

甜菜
根部表面光滑坚硬，没有伤痕的为好，而且中间粗壮的最好。

山药
表皮充满弹力，没有伤痕，用手拿的时候较沉，且断面为白色的最佳。

莲藕
表面没有伤痕，光泽圆滚，用手拿时较沉的为好。过分研磨会损失纤维质，因此要尽量避免。

牛蒡
属于根部蔬菜的牛蒡表皮没有伤痕且光滑的为好。

胡萝卜
埋入土中的部分颜色鲜亮且坚硬的为好。

黄瓜
表面的绿色较深，有刺，充满弹力和光泽的为好。粗细均匀，把儿的横断面新鲜的适合使用。

西葫芦
表面有光泽，呈浅绿色的为好。选择把儿不打蔫儿的新鲜品种。

甜南瓜
表皮坚硬的为好。切开销售的南瓜断面果肉呈深黄色，且充满籽儿的适合使用。

甜瓜
表皮颜色鲜明，呈黄色，表面沟壑越深的品种越好

辣椒
皮厚，有光泽，掰开的时候子儿小的为好。表皮坚硬的品种会更辣一些，因此请根据用途和喜好进行选择。越是直接受秋季阳光晾晒的就越红。

柿子椒
表皮颜色鲜明，把儿新鲜，不畸形的为好。表面不干，水润亮泽，皮厚子少的为好。

红灯笼椒
表皮颜色鲜明有光泽，把儿新鲜，且不畸形的为好。颜色均匀、无变色的最佳。

西红柿
圆滚富有弹性，表皮颜色鲜亮，红色熟透的为好。选用把儿坚挺不打蔫儿的品种。

小番茄
大小一致，表皮不软，较为硬实的为好。表皮成鲜亮的红色，把儿新鲜的为佳。

西瓜
表面颜色鲜亮，纹理规则，伤痕少的为好。西瓜把儿形状呈整齐的T形，绒毛少的为佳。把儿的对立面为西瓜的肚脐，肚脐越小说明皮越薄，且果肉更甜。

茄子
颜色鲜明有光泽的为好。请选用形状规整直溜的品种。

豌豆
豆子的形状均匀且富有弹性，呈深绿色的为好。

菜豆
豆荚不干燥富有水分的视为新鲜。豆荚中的豆子有光泽，且形状均匀的适合使用。

香菇
茎部短且富有弹性，伞部稍厚且充满光泽的为好。内侧纹理部分成白色的为佳。干香菇的伞部像乌龟壳般充满龟裂，且较为明显的为好。

松茸
选用伞部不大，伞部周边与茎部结合的被膜不裂开的品种。

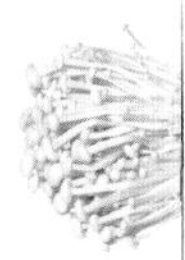

金针菇
纯白色或乳白色的伞部小巧整齐的为好。请不要选择根部已变成棕褐色，或者茎部不新鲜的品种。

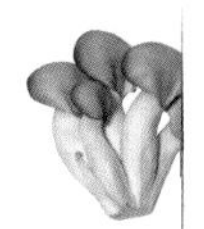

平菇
伞表面呈褐色，伞的背面纹路不倒塌，且呈鲜明白色的为好。

苹果
表皮坚实富有弹性的为好。

梨
圆滚，梨固有的斑点大，花托部分扁平的为好。皮薄水多，能散发出清香的为好。

李子
表皮颜色鲜亮，红色的糖分高。表皮坚实有光泽的为好。

香蕉
选用表面充满光泽，坚实，把儿不干的品种。香蕉表皮有黑色斑点的为好。

菠萝
叶小坚实的为好。请选择表皮颜色有1/3是由绿色向黄色过度的品种。切开的时候能散发出清香的为好。

牛油果
表皮颜色变黑的不好。用手捏的时候富有弹性的最佳。

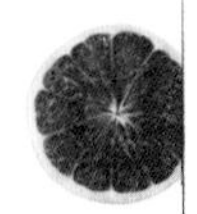

西柚
呈圆形，用手拿的时候较沉的为好。果肉饱满，挤压时充满弹性和水分，挤压后能够恢复原状的为好。

橙子
圆形紧绷，用手拿时较重的为好。表皮颜色鲜亮，摸的时候较为柔和的为佳。

蓝莓
颜色鲜亮，表面光滑，果粒分布均匀的为好。如果呈现红色说明还没有成熟，没有弹力、但水分十足的说明已经熟大劲儿了。

柠檬
味道清爽，表面富有光泽，用手拿的时候较沉的为好。

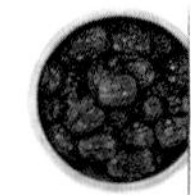

大枣
纹理少，皮红的为好。请选用枣肉为黄白色的品种。

核桃
用手拿的时候较重，没有去壳的为好。表皮有小洞的有可能被虫子蛀了，因此不要选用。

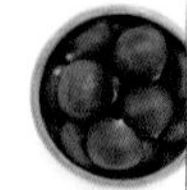

栗子
颗粒大而厚，表皮呈光泽的褐色的为好。

花生
购买带壳的国产花生，不要选购有霉味的品种。

杏仁
选用不是过于干燥，且呈红褐色的品种。购买包装成品的时候请注意保质期。

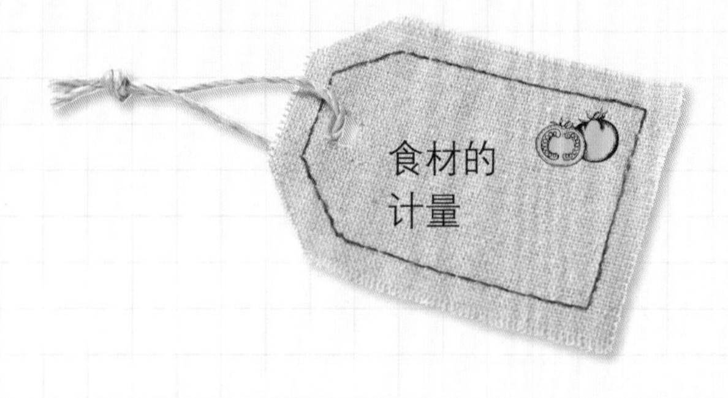

在制作辅食的时候，根据不同的时期，食物的浓度和大小需要符合实际情况。初期的时候虽然要尽量做的稀一点，但越到后面越稠，且颗粒也逐渐变大。接下来整理了不同时期食物的稀稠程度和颗粒大小。

比水稍微浓一点，呈流动的状态。

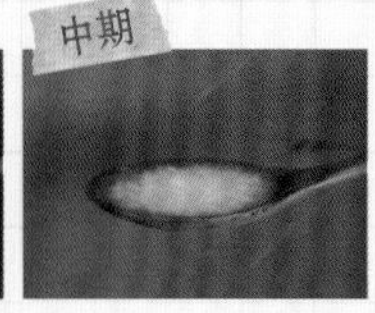

可以有一点柔软的颗粒，不黏稠，颗粒可以掉下来。

能够看到米粒，能够用手碾碎的程度。

与成人食用的米饭类似，或者是水较多的稀饭。

煮熟之后放到大漏勺上碾碎，质地要柔软。

煮熟后放到大漏勺上碾，或均匀切成0.3厘米大小。

煮熟后切成0.5厘米大小，颗粒要柔软。

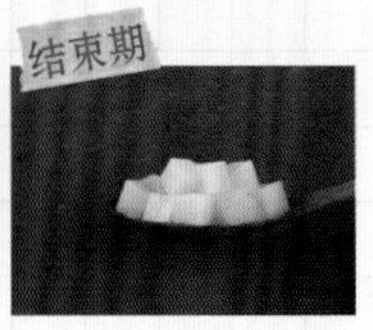

煮熟后切成0.7厘米大小。

只取叶部煮熟后用大漏勺过滤，质地要柔软。

只取叶部煮熟后放到臼里捣，或者是切成0.3厘米大小。

取叶部和茎部煮熟后切成0.5厘米大小，颗粒要柔软。

煮熟后切成0.7厘米大小。

只取花部，煮熟后用大漏勺过滤，质地要柔软。

只取花部，煮熟后用臼捣，或者是切成0.3厘米大小。

煮熟后切成0.5厘米大小，颗粒要柔软。

煮熟后切成0.7厘米大小。

初期

去皮去果核后用沸水焯一下，然后用礤板擦碎。

中期

去皮去果核后用沸水焯一下，然后碾碎或切成0.3厘米大小。

后期

去皮去果核煮熟后切成0.5厘米大小，颗粒要柔软。

结束期

去皮去果核煮熟后切成0.7厘米大小。

初期

煮熟后剁碎，用漏勺过滤，或放到搅拌机里搅，质地要柔软。

中期

煮熟后放大漏勺上碾，或切成0.3厘米大小。

后期

煮熟后切成0.5厘米大小，颗粒要柔软。

结束期

煮熟后切成0.7厘米大小。

中期

煮熟后取肉，放到大漏勺上碾碎，或者切成0.3厘米大小。

后期

煮熟后取肉，切成0.5厘米大小，颗粒要柔软。

结束期

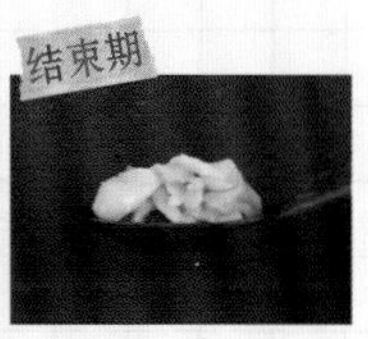

煮熟后取肉，切成0.7厘米大小。

初期

煮熟后放到大漏勺上碾碎，然后过滤，质地要柔软。

中期

煮熟后放到大漏勺上碾碎，或者切成0.3厘米大小。

后期

煮熟后切成0.5厘米大小，颗粒要柔软。

结束期

煮熟后切成0.7厘米大小。

中期

煮熟后只取蛋黄部分放到大漏勺上碾碎，过滤。

后期

煮熟后只取蛋黄部分碾碎。

结束期

煮熟后将蛋黄蛋清碾碎。

制作辅食需要掌握一般的烹饪方法，但有时候则需要不同的方法。如果了解了基本的辅食烹饪方法，那么就能够轻松制作了。

煮粥

煮粥是开始制作辅食以后最常用的一种方法。制作辅食的时候，把大米充分浸泡后再进行制作这样营养成分会更高，而且味道会更好。如果觉得提前泡米比较麻烦的话，也可以在煮米的时候多加些水。我曾经试过先煮好比较稠的米糊，然后根据宝宝的实际状态通过添加水分来稀释浓度。初期的时候从接近类似于水的米糊开始，越到中晚期就可以越黏稠一些。

煮肉

肉类去除脂肪部分，用冷水浸泡去除血水后蒸煮。在煮的时候将浮沫撇掉。

煮根部蔬菜

含有淀粉的根部蔬菜用凉水浸泡一下，去除淀粉后再煮。切成小块儿煮会更节省时间。

煮鱼

去除鱼刺以后再用沸水煮。如果出现浮沫等污物的时候需要撇掉。

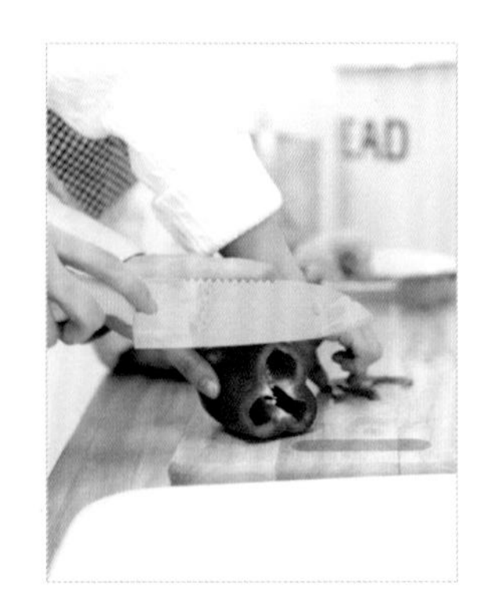

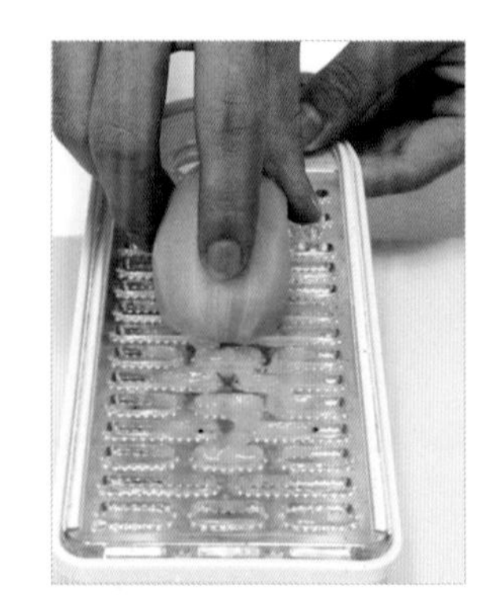

搅拌机搅

比较适用于一次性搅拌很多食材的情况。有时也用来搅水分较多的材料。搅时间长了会被搅得很细，中期以后最好搅得粗点。

礤板擦

礤板用来擦水果或比较坚硬的蔬菜。虽然营养成分的损失较小，但却比较麻烦。适合量少的时候使用。

剁

剁的程度需要根据不同阶段进行调节。尽量剁得均匀。与研磨相比，用刀剁出来的食物在味道和营养层面都会更好。

发

使用干货的时候需要用湿布擦一下，或者是用水冲净，然后放到冷水里发一下。如果想减少泡发的时间，可以用温水浸泡。

碾

熟透的食材用勺子挤压，或者放到菜板上用刀背碾会很快完成制作。用擀面杖碾的话会更方便。

大漏勺过滤

为了去除不利于宝宝消化的纤维质和硬块而使用的方法。用大漏勺过滤后制作的辅食会更加柔软。

用臼捣

需要保留一定的颗粒时使用的方法。需要让宝宝进行咀嚼练习的时候使用。

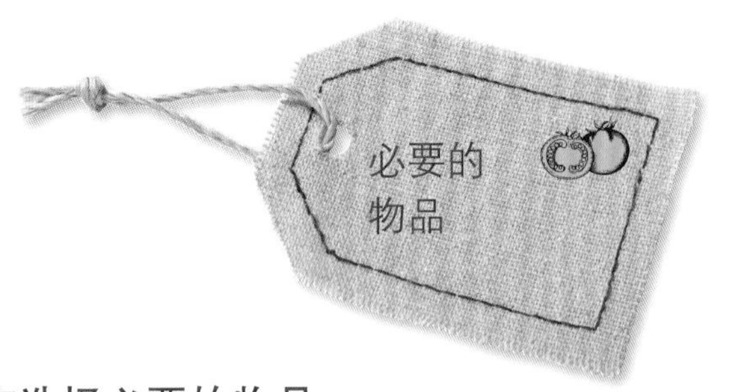

为宝宝选择必要的物品

制作辅食所需要的厨具要比想象的多。在查看了多样的辅食用品和烹饪厨具以后在进行购买。即便不购买市面上销售的专用厨具也不会影响我们制作辅食。我当时就使用了现有的厨具。但是，在制作辅食之前需要用热水煮一下，以便消毒。考虑到宝宝的健康，最好与大人的厨具分开，但如果能做到消毒后再使用的话，就没有必要一定分开使用了。

杯

为宝宝设计的杯子可谓是多种多样。可以根据宝宝不同的年龄，不同的时期区分使用。刚开始使用的是运动水杯，然后是吸管杯，最后开始使用一般水杯。也有一些妈妈跳过运动水杯，而直接使用吸管杯的。从吸管杯过渡到一般水杯需要选择适当的时期进行练习。

辅食勺子

刚开始喂宝宝吃饭的时候硅胶勺子要比塑料勺子更方便。可以非常便利的将冒出来的食物重新填到嘴里，还可以将碗里的食物全都弄干净。宝宝会经常含着勺子吸允或咀嚼，因此比起用坚硬材质制成的勺子，更推荐硅胶勺子。待能用勺子很好地喂宝宝吃饭以后，塑料勺子也就没有问题了。但是，如果使用塑料勺子的话一定要确认好成分。

辅食碗

在为宝宝选择既安全又防摔的餐具时，最终选择了木质的碗。但是，木质的餐具颜色单调暗沉，不能很好地激发起宝宝的好奇心。然而，如果用陶瓷餐具的话，旁边一定要有人跟着。初期阶段最好选用拿着和喂食的时候都很方便的碗。

儿童围嘴

刚进入辅食阶段的时候，由于是喂食，所以即使不用围嘴也不会有什么困难。但是当宝宝开始自己用餐时，围嘴就成了必需品了。用布做成的围嘴用一次就得洗一次。硅胶围嘴用过之后用水冲一下会很容易干，因此很方便。但硅胶围嘴的缺点是质地较硬，而且还不会变形。

辅食保管容器

有时我们也会一次做好多辅食，然后进行冷冻保管，只有选择好保管容器，才能在下次做辅食使用的时候更加便利。在量不是很多的初期阶段，我使用的是冻冰块用的容器。三种辅食分别冷冻，解冻之后混在一起又能制成全新品种的辅食。

宝宝用餐桌椅

宝宝用餐桌椅的品牌和种类非常繁多。价格幅度与性能真可谓是千差万别，因此在购买的时候需要考虑实际的用餐环境和自己的条件进行选择。

硅胶厨具

硅胶厨具即使是高温环境也不会发生变形或变色的情况，所以非常适合用来制作辅食。最近，出现了很多颜色鲜艳的种类供消费者选择，因此大家可以根据自己的喜好进行购买。特别是在炒菜或做粥的时候非常实用。

砧板和刀具

砧板和刀具最好能单独购买一套，用家里已有的砧板和刀具也可以，但一定要保证能够做好清洁工作。最好能够将用来切水果、蔬菜、肉类和鱼类的砧板分开使用。不管怎么说，砧板和刀具都是极易繁殖细菌的环境，因此一定要做好消毒工作。

计量勺

计量勺是做辅食的必需品。用计量勺才能保证正确地按照食谱的要求完成制作，最大限度地减少失误。尤其是由于辅食是少量制作，因此最好还是使用计量勺。

量杯

韩国的量杯是以200毫升为基准的，但美国的量杯是以250毫升为基准。当看到1杯这种表达的时候，一定要确认一下使用的是哪种标准。本书中是以200毫升为基准进行说明的。

电子秤

当需要以克进行测量时则需要电子秤。特别是在厨房，最好使用能够精确测量出非常少重量的电子秤。还有电子计量勺，既可以节省空间，又能够测量出制作辅食时所需要的极少的量，所以要比电子秤更加便利。

小锅

在制作辅食的时候，三层不锈钢小锅和生铁铸造小锅更加便利。由于曾经用硅胶小锅煮过粥，结果弄了一锅的锅巴，因此选择不锈钢小锅和生铁铸造小锅是正确的。

平底锅

平底锅方面可以准备不锈钢和生铁铸造的两种。生铁铸造的平底锅比较沉，使用起来比较吃力。所以选择使用不锈钢平底锅。考虑到健康，请大家选用没有涂层的平底锅。

蒸锅

制作辅食的时候能够有个蒸锅会更加便利。竹子制成的蒸屉在没晾干的情况下容易生霉，因此最好还是使用不锈钢蒸锅。在蒸鱼或丸子的时候非常实用。

打皮器

打皮器是在给蔬菜去皮时使用的。制作辅食时，大部分食材都是需要去皮的，因此是非常实用的厨具之一。不仅可以去皮，当想将蔬菜片成薄片的时候也可以使用。

大漏勺

制作辅食的时候需要将材料研磨均匀，此时就可以用大漏勺来过滤。经过大漏勺过滤过的辅食质地更加柔软。

礤板

礤板适合用来擦食材。它要比搅拌器更能防止营养成分的流失，虽然使用起来比较麻烦，但还是希望大家能用礤板将食材处理好以后再添加到辅食中。

捣碎器

煮熟土豆、地瓜、甜南瓜后需要碾碎使用。适合用来制作辅食，同时还能用来制作糊糊和泥。

臼

可以用来捣碎大米、坚果、芝麻等，也可以用来捣蔬菜。想保留蔬菜的营养，同时还想让其味道更好，最好还是使用臼。但在初期和中期的时候由于臼不能捣碎纤维质，因此需要慎重使用。

蔬菜搅拌器

制作辅食时最常做的事情就是处理蔬菜。由于辅食中的蔬菜都需要剁碎了使用，因此如果能有一台蔬菜搅拌器会更加便利。

搅拌器

搅拌器在搅拌多种食材的时候非常便利。可以根据旋转速度来调节浓度。

手动搅拌器

虽然与自动搅拌器的作用相同，但适合于量少的时候或狭小的空间。

为妈妈选择的烹饪厨具

在制作瘦身餐的时候能够再有几件厨具就更方便了。虽然没有必要一定购买，但还是希望大家能选购几样实用的厨具。

沙拉旋转盒

被称为“蔬菜脱水机”的沙拉旋转盒是在洗完果蔬以后用来去除水分的。将洗好的果蔬放到里面，然后转动手柄即可将水汽去除干净。

打蛋器

被称为“泡沫机”，即制造泡沫的时候使用的。可以用来处理奶油、鸡蛋和调味汁，也可以用来搅拌多种食材。

面条机

可以将西葫芦、胡萝卜等食材制成面条的形状。

食物处理器

用来搅碎食材，或者是混合食材。还可以用来糅合面团，适合用来制作饼干和面片。即使不加水也容易清理，还适合制作浓度较高的果汁。

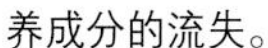

榨汁机

用榨汁机来制作果汁可以减少营养成分的流失。

柠檬压榨机

适用于压榨柠檬、橙子等水果，当想榨少量果汁的时候也可以使用。

香菇粉 丨干香菇50克

1. 将香菇用清水稍微冲洗一下，然后捞出滤水。
2. 放到没有油的平底锅里晾干水分，然后炒至松脆，再用搅拌机搅碎。

海带粉 丨海带（10x10厘米）2张

1. 用湿布擦一下海带，去除盐分和污垢。
2. 放到没有油的锅中烤干后用搅拌机搅碎。

银鱼粉 丨银鱼50克

1. 去除银鱼的头部和内脏，用热水冲洗后捞出滤水。
2. 放到没有油的平底锅里晾干水分，然后炒至松脆，再用搅拌机搅碎。

虾粉 丨虾50克

1. 干虾去除虾须和腿，用热水冲洗后捞出滤水。
2. 放到没有油的平底锅里晾干水分，然后炒至松脆，再用搅拌机搅碎。

天然调味料最好进入到结束期以后再使用。由于它带有一定的咸淡，因此不宜使用过多。1/2小勺就能够让辅食散发出诱人的美味。

天然调味料现做味道更佳，还新鲜。保管的时候一定要注意密封，不要让其受潮，请放到阴凉、通风、太阳不能直射的地方保管。

海带&鲣鱼脯粉 | 海带（10厘米x10厘米）1张，鲣鱼脯25克

1. 海带用湿布擦净，去除盐分和污垢。
2. 海带放到没有油的平底锅里，炒至松脆后与鲣鱼脯一起放到搅拌机里搅碎。

银鱼&虾粉 | 银鱼25克，虾25克

1. 银鱼去除头部和内脏，干虾去除虾须和腿然后用热水冲洗，后捞出滤水。
2. 放到没有油的平底锅中，炒至松脆后用搅拌机搅碎。

虾&香菇粉 | 虾25克，干香菇25克

1. 干虾去除虾须和腿，用热水冲洗后捞出滤水。
2. 香菇用流动的水稍微冲洗一下，然后捞出滤水。
3. 放入没有油的平底锅里，炒至松脆后用搅拌机搅碎。

香菇&海带粉 | 干香菇25克，海带（10厘米x10厘米）1张

1. 香菇用流动的水稍微冲洗一下，然后捞出滤水。
2. 海带用湿布擦净，去除盐分和污垢。
3. 放入没有油的平底锅里，炒至松脆后用搅拌机搅碎。

海带汤 | 海带（10厘米x10厘米）2片，水8杯

1. 海带用湿布擦净，去除盐分和污垢。
2. 将海带放入小锅里煮15分钟左右。
3. 将做完的汤汁倒入大漏勺过滤，只取汤汁。

银鱼汤 | 煮汤用小银鱼20条，水8杯

1. 小银鱼去除头部和内脏，然后捞出滤水。
2. 将小银鱼放到小锅里大火煮，待沸腾时转成小火再煮40~50分钟左右。
3. 将做完的汤汁倒入大漏勺过滤，只取汤汁。

虾汤 | 干虾1杯，水8杯

1. 干虾去除虾须和腿，用热水冲洗后捞出滤水。
2. 将虾放到小锅里大火煮，待沸腾时转成小火再煮40~50分钟左右。
3. 将做完的汤汁倒入大漏勺过滤，只取汤汁。

香菇汤 | 干香菇1杯，水8杯

1. 香菇用流动的水稍微冲一下，捞出滤水。
2. 将香菇放到小锅里大火煮，待沸腾时转成小火再煮40~50分钟左右。
3. 将做完的汤汁倒入大漏勺过滤，只取汤汁。

用于制作辅食的汤汁从初期开始一直可以使用到结束期。不仅可以用来制作宝宝的辅食，也可以制作成人的饭菜，因此，一次可以多做些，分成小份冻起来，需要的时候拿出来使用即可。将只用一种材料制成的汤汁混合在一起即可散发出更加丰富的味道。

猪肉汤 | 猪里脊肉100克，水8杯

1. 猪里脊肉去除脂肪后用冷水浸泡以去除血水。
2. 将猪里脊肉放到小锅里大火煮，待沸腾时转成小火再煮40～50分钟左右。
3. 将做完的汤汁倒入大漏勺过滤，只取汤汁。

鸡肉汤 | 鸡胸肉块，水8杯

1. 将鸡胸肉洗干净。
2. 将鸡胸肉放到小锅里大火煮，待沸腾时转成小火再煮40～50分钟左右。
3. 将做完的汤汁倒入大漏勺过滤，只取汤汁。

牛肉汤 | 牛腩100克，水8杯

1. 牛腩去除脂肪，用冷水浸泡去除血水。
2. 将牛腩放到小锅里大火煮，待沸腾时转成小火再煮40～50分钟左右。
3. 将做完的汤汁倒入大漏勺过滤，只取汤汁。

蔬菜汤 | 洋葱1个，萝卜100克，胡萝卜1/2个，水8杯

1. 将洋葱、萝卜、胡萝卜放到小锅里大火煮，待沸腾时转成小火再煮40～50分钟。
2. 将做完的汤汁倒入大漏勺过滤，只取汤汁。

如果不喜欢吃蔬菜，调味汁做得好的话也不会拒绝吃沙拉了。但是，如果调味汁是高热量的话，即便是沙拉也不会有任何的瘦身效果。因此，瘦身期间最好自己制作美味且低热量的调味汁。

适合水果的调味汁

适合水果的调味汁

·柑橘调味汁

橙汁3大勺，葡萄柚汁3大勺，柠檬汁3大勺，橄榄油1大勺，盐少许，胡椒少许。

·芥末调味汁

橄榄油3大勺，白葡萄酒醋3大勺，蜂蜜2大勺，芥末1/2小勺，胡椒少许，盐少许。

·红豆地瓜调味汁

刨冰用红豆4大勺，碾碎的地瓜2大勺，牛奶4大勺，蜂蜜2大勺，盐少许。

适合鱼类的调味汁

·爱尔兰调味汁

家制蛋黄酱3大勺，剁碎的洋葱2大勺，剁碎的酸黄瓜1大勺，蜂蜜1小勺，盐少许，胡椒少许。

·紫苏调味汁

紫苏3大勺，酱油1大勺，柠檬汁2大勺，剁碎的柠檬皮2小勺，蜂蜜2大勺，盐少许，胡椒少许。

·酸奶调味汁

剁碎的荷兰芹1大勺，原味酸奶5大勺，蜂蜜2大勺，盐少许，胡椒少许。

适合肉类的调味汁

红酒调味汁　紫苏蛋黄酱调味汁　青梅调味汁　杏肉红酒调味汁　蓝莓酸奶调味汁　五味子调味汁　芥末蛋黄酱调味汁　芥末调味汁　家制蛋黄酱调味汁

适合肉类的调味汁

·红酒调味汁

酱油2大勺，香油1大勺，剁碎的洋葱2大勺，剁碎的大蒜1大勺，剁碎的葱1大勺，红酒1大勺，芥末1小勺。

·紫苏蛋黄酱调味汁

家制蛋黄酱2大勺，紫苏粉1大勺，柠檬汁2大勺，蜂蜜2大勺，酱油1/2小勺，盐少许，胡椒少许。

·青梅调味汁

水3大勺，酱油3大勺，醋1大勺，柠檬汁2大勺，蜂蜜2大勺，青梅2大勺，香油1大勺，蒜泥1大勺，洋葱碎1大勺，盐少许，胡椒少许。

·杏肉红酒调味汁

杏1个，红酒1杯，蜂蜜2大勺，芥末1小勺，柠檬汁2大勺，橄榄油1大勺，盐少许，胡椒少许。

·蓝莓酸奶调味汁

蜂蜜2大勺，原味酸奶3大勺，松子1大勺，腰果碎1/2大勺，花生碎1/2大勺，冷冻蓝莓1大勺。

·五味子调味汁

五味子3大勺，五味子醋1大勺，橄榄油4大勺，白葡萄酒醋2小勺，蜂蜜2大勺，盐少许，胡椒少许。

·芥末蛋黄酱调味汁

芥末1大勺，蜂蜜2大勺，家制蛋黄酱1大勺，松子粉1大勺，白葡萄酒1大勺。

·芥末调味汁

橄榄油2/3杯，白葡萄酒醋1/3杯，蜂蜜1大勺，柠檬汁1/2大勺，芥末1小勺，白葡萄酒1小勺，盐少许，胡椒少许。

·家制蛋黄酱调味汁

橄榄油1/3杯，柠檬汁3大勺，白葡萄酒醋1大勺，蛋黄2个，第戎芥末酱1/4小勺，盐少许，胡椒少许。

适合蔬菜的调味汁

·坚果包饭酱调味汁

大酱1大勺，辣椒酱1大勺，蜂蜜1/2大勺，花生碎1小勺，核桃碎1小勺，松子仁1小勺，黄豆碎1大勺，香油1大勺。

·豆腐原味酸奶调味汁

豆腐1/4块，原味酸奶3大勺，蜂蜜1小勺，盐少许，胡椒少许。

·白葡萄酒调味汁

柠檬汁3大勺，蜂蜜1大勺，酱油1大勺，橄榄油4大勺，白葡萄酒1小勺，盐少许，胡椒少许。

·罗勒意大利醋调味汁

罗勒1朵，蒜1头，松子仁2小勺，帕玛森奶酪2大勺，橄榄油3大勺，意大利醋1大勺，盐少许，胡椒少许。

·意大利浆汁调味汁

意大利醋2杯半，蜂蜜3大勺，百里香10克，蒜10克。

·小番茄橄榄油调味汁

小番茄15个，蒜1瓣，橄榄油1大勺，柠檬汁1大勺，蜂蜜2大勺，罗勒1小勺，牛至1小勺，盐少许，胡椒少许。

·芹菜蛋黄酱调味汁

蛋黄酱3大勺，番茄酱1大勺，柠檬汁1大勺，洋葱碎1大勺，剁碎的酸黄瓜1/2大勺，剁碎的芹菜2大勺，剁碎的熟鸡蛋1个，剁碎的荷兰芹1小勺，盐少许，胡椒少许。

·橙子调味汁

橙子1/2个，洋葱碎3大勺，蒜泥1大勺，橄榄油3大勺，柠檬汁2大勺，枫糖浆1大勺，盐少许。

·柚子大酱调味汁

大酱1大勺，肉汤1大勺（15毫升），柚子1小勺。

·青阳辣椒鱼酱调味汁

鱼酱2大勺，柠檬汁3大勺，蜂蜜2大勺，剁碎的青阳辣椒1/2小勺。

·猕猴桃调味汁

猕猴桃1个，原味酸奶1/2杯，蜂蜜1大勺，枫糖浆1/2小勺。

·辣酱调味汁

剁碎的番茄5大勺，洋葱碎3大勺，剁碎的羊角椒1大勺，橄榄油2大勺，柠檬汁1大勺，醋1大勺，辣酱1大勺，开心果1大勺，盐少许，胡椒少许。

·帕玛森奶酪调味汁

罗勒5克，帕玛森奶酪粉4大勺，橄榄油4大勺，松子仁3克，蒜1/4头，盐少许，胡椒少许。

·树莓调味汁

树莓1/2杯，橄榄油2大勺，盐少许，胡椒少许。

PART 1

米糊、糯米糊 | 早期辅食

米糊是用我们平时所食用的主食——大米制成的。大米引起过敏的概率很小，而且还有利于消化，所以适合作为宝宝最初接触的辅食。如果食用了米糊之后没有任何异常反应的话，即可过渡到糯米糊。

制作方法

* 材料

浸泡好的大米15克

水200毫升

1.将浸泡好的大米和适量的水倒入搅拌机搅拌。

2.将第1步搅拌好的大米倒入小锅里，大火煮的同时用木铲搅拌。

3.待第2步的材料开始沸腾时转成小火再煮7分钟，同时用木铲搅拌。

4.将第3步的材料放到漏勺里进行过滤。

1

4

- 糯米糊的制作方法与米糊的制作方法相同。
- 大米需要浸泡15~20分钟。
- 糯米需要浸泡40分钟。

TIPS

- 将少许水倒入搅拌机搅拌后，再倒入剩余的水进行摇晃，这样能使材料得到充分搅拌。
- 煮米糊的时候如果搅拌不好很容易粘到锅上，所以从头到尾都需要细心搅拌。
- 如果制成的米糊过于黏稠，可以在食用前加入适量的开水来稀释浓度。
- 糯米糊适合偶尔食用。

柠檬汁 | 早期瘦身餐

当宝宝开始食用辅食的时候，妈妈也需要进行身体调整了。与过度减肥相比，简单易操作的清肠果汁更为适合。最恰当的水果当属柠檬。柠檬富含维生素C，不仅有利于疲劳恢复，而且还能够分解脂肪、缓解便秘，所以非常适合瘦身中食用。

制作方法

1.将柠檬洗净。
2.将第1步的柠檬两等分，挤出汁液。
3.将第2步的柠檬汁混入水中。

* 材料
柠檬50克
水200毫升

TIPS

· 如果没有柠檬的话，可以使用等量的柠檬汁来制作果汁。
· 柠檬用粗盐擦过后，最好再用小苏打擦一遍。
· 用沸水将柠檬稍微焯一下也是不错的一种方法。

蜂蜜柠檬水 | 早期瘦身餐

如果经常饮用清肠果汁，可能会出现眩晕和无力的情况。出现类似情况的时候最好摄入一些含糖食物来获得能量。蜂蜜属于单糖，所以很容易被身体吸收。当产后瘦身感到非常辛苦的时候，可以尝试一下蜂蜜柠檬水。

制作方法

1.将柠檬洗净，切片。
2.将柠檬片和蜂蜜混入水中。

* 材料
柠檬100克
蜂蜜30克
水200毫升

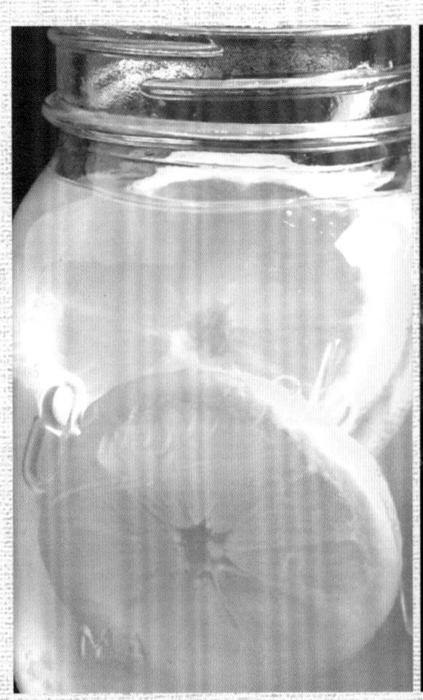

TIPS

· 虽然对蜂蜜的品种没有太多的要求，但最好使用无糖的天然蜂蜜。
· 蜂蜜柠檬水会根据所加入蜂蜜的不同而散发出不同的味道，所以大家可以根据自己的口味来选择不同品种的蜂蜜。

土豆泥、地瓜泥 | 早期辅食

如果宝宝很喜欢吃辅食的话，可以尝试使用除大米和糯米以外的食材。宝宝会对不同辅食的食材产生不同的反应。神奇的是，他们会更喜欢吃爸爸妈妈喜欢吃的食材。我喜欢吃土豆，所以我家的宝宝更喜欢吃带有土豆的辅食。如果在宝宝特别喜欢吃的食材中加入他们不怎么喜欢的食材，他们也会渐渐适应的。

制作方法

* 材料

浸泡好的大米15克

土豆10克

水200毫升

1.将浸泡好的大米和适量的水倒入搅拌机搅拌。

2.土豆去皮后蒸10～15分钟，然后放入大漏勺中碾碎。

3.将第1、2步的材料全部放入小锅里，大火煮的同时用木铲搅拌。

4.待第3步的材料开始沸腾时转成小火再煮7分钟，同时用木铲搅拌。

1

2

3、4

● 地瓜泥的制作方法与土豆泥相同。

● 用等量的地瓜替换土豆即可。

· 长芽或者发绿的土豆有毒，所以请不要食用。

· 将土豆切成条蒸更容易熟，也可以减少烹饪时间。

· 做饭的时候将土豆或地瓜放在饭的上面一起蒸会更加方便。

土豆香蕉牛油果果昔 | 早期瘦身餐

如果只食用柠檬汁会给胃部造成一定的负担。而且，只喝用水果和蔬菜制成的果汁会容易感到饿。所以，我们可以用像土豆一样含有碳水化合物的食材来制作果汁。将不熟的土豆磨碎会很费力，因此我将土豆弄熟之后制成了果昔。如果用生土豆来做的话会更利于瘦身。土豆果昔也可以当成是一顿非常不错的饭。

* 材料

土豆100克
香蕉27克
牛油果15克
牛奶100毫升
盐少许

制作方法

1.土豆去皮后切成适当大小。
2.将少许盐加入到切好的土豆中用水煮10分钟。
3.将香蕉和牛油果去皮后切成适当大小。
4.将第2步的土豆，第3步的香蕉、牛油果和适量的牛奶一起放入搅拌机搅拌。

TIPS

· 香蕉和牛油果也可以冷冻后使用。
· 如果将土豆煮熟后使用便不会散发出清香味。

地瓜奶昔 | 早期瘦身餐

减肥的时候可以替换着吃果汁与奶昔。如果只食用果汁的话容易中途放弃，因为喝再多的果汁也难以产生饱腹的感觉。但是奶昔却能让人产生饱腹感，特别是加入了搅碎的地瓜，在让人感到饱的同时，还有利于避免便秘。

制作方法

1.将地瓜去皮后切成适当大小。
2.将切好的地瓜用蒸锅蒸。
3.将第2步的地瓜和适量的牛奶一起放入搅拌机进行搅拌。
4.将第3步的材料倒入杯中，然后根据自己的口味撒上肉桂粉。

＊材料
地瓜200克
牛奶200毫升
肉桂粉少许

· 地瓜与肉桂非常适合搭配在一起，可以根据自己的口味来添加。
· 可以事先做好后放入冰箱冷藏，早上起来吃的时候会更为方便。

南瓜黄瓜糊 | 早期辅食

如果食用只用一种食材制成的辅食没出现任何问题的话，我们便可以认为宝宝对这种食材不抵触。这样，我们可以尝试将之前吃过的食材混合在一起。但是，当我们喂宝宝食用新食物的时候最好一样一样地加入，因为确认宝宝是否有异常反应是十分重要的，要尽量避免一次性加入多种食材的情况出现。

制作方法

＊材料
浸泡好的大米15克
南瓜5克
黄瓜5克
水200毫升

1.将浸泡好的大米和适量的水倒入搅拌机搅拌。
2.南瓜去瓤后蒸煮10～15分钟，去皮后放到大漏勺中碾碎过滤。
3.黄瓜焯一下之后去皮去子，然后用礤板擦碎。
4.将第1、2、3步的材料全部倒入小锅里，大火煮的同时用木铲搅拌。
5.待第4步的材料开始沸腾时转成小火再煮7分钟，同时用木铲搅拌。

1

2

3

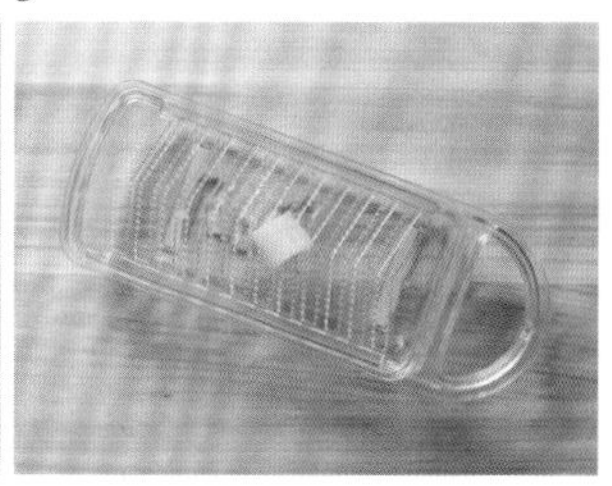

4、5

TIPS

・由于南瓜味甜，可以与其他食材一起制成美味的辅食。
・可以用剩余的黄瓜制成精美的小菜。

南瓜酸奶果昔 | 早期瘦身餐

当想吃甜食的时候，最合适的食物当属南瓜酸奶果昔啦。将南瓜加入到原味酸奶中，即便是不加糖也会非常美味。南瓜中含有的维生素E可以促进血液循环，具有提亮皮肤的功效，还有助于排除积聚在皮肤中的废物。

制作方法

1.将南瓜洗净后切成适当大小。

2.将洗好的南瓜蒸煮15分钟后去皮。

3.将第2步的南瓜和原味酸奶倒入搅拌机搅拌。

* 材料

南瓜50克

原味酸奶200毫升

· 如果用微波炉蒸南瓜的话，需要蒸2～3次，每次3分钟。

· 南瓜煮熟后更容易去皮。如果在生的状态下去皮，使用削皮器会比较方便。

黄瓜苹果柠檬汁

早期瘦身餐

黄瓜有一种清香味，而且富含水分，所以非常适合口渴的时候食用。鲜榨的黄瓜汁不仅可以提供充足的水分，而且还能够减少口干的感觉。我们很难喝下大量没有任何味道的水。由于果汁会比水更容易让人接受，所以我们可以饮入大量的果汁。即便是不喜欢黄瓜的味道，但由于有苹果和柠檬的加入，也可以饮用。

制作方法

1.将处理好的黄瓜和苹果切成适当大小。

2.将第1步的黄瓜和苹果榨成汁。

3.在第2步的材料中挤入柠檬汁。

* 材料

黄瓜480克

苹果690克

柠檬100克

· 清洗水黄瓜时，可以带上橡胶手套并在流动的水中轻轻揉搓，黄瓜刺会更容易去掉。

卷心菜乌塌菜糊

早期辅食

开始食用辅食以后，宝宝的便便就会发生变化。会比以前更加成形，而且会变硬。所以，食用母乳或奶粉的宝宝开始喂食辅食以后，偶尔会出现便秘的情况。此时，我们可以选择富含纤维质的卷心菜来制作辅食。

制作方法

* 材料

浸泡好的大米15克

卷心菜5克

乌塌菜叶10克

水200毫升

1.将浸泡好的大米和适量的水倒入搅拌机搅拌。

2.将卷心菜用沸水焯熟。

3.将1/2杯水倒入第2步的材料中，然后用搅拌机搅拌。

4.取乌塌菜的叶部，焯熟后用清水冲洗，然后用石臼捣碎。

5.将第1、3、4步的材料一起放入到小锅中大火煮，同时用木铲搅拌。

6.待第5步的材料开始沸腾时转成小火再煮7分钟，同时用木铲搅拌。

1

2

3

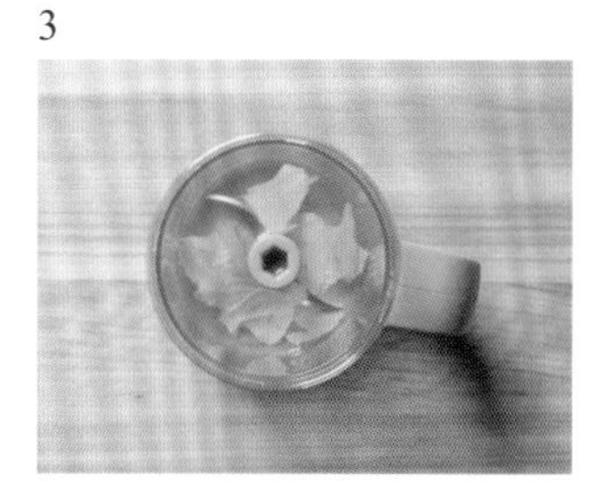

4

5、6

TIPS

- 最好去除卷心菜较硬的筋部。
- 不要将卷心菜切碎之后煮，要煮完之后再切。只有这样制成的糊糊才不会有异味。
- 乌塌菜最好只选用嫩叶。
- 10克的乌塌菜焯过后就变成了5克。

卷心菜苹果汁

早期瘦身餐

卷心菜是制作各种美容汤羹或者果汁不可或缺的一种食材。卷心菜中含有有利于身体的维生素K、钙等成分。与熟吃相比，生卷心菜榨成汁后食用会更有利于身体吸收。而且，卷心菜汁在消除痘痘和皮脂方面有很好的效果。

制作方法

1.苹果去皮后切成块，卷心菜切成适当大小。

2.将处理好的苹果和卷心菜一起放入榨汁机榨成汁。

* 材料

卷心菜160克

苹果300克

TIPS

· 将卷心菜和苹果放入加有1大勺醋的水中浸泡10分钟后用清水冲净，可以去除残留的农药。

· 如果不喜欢卷心菜的味道，可以适当增加苹果的比例。

乌塌菜汁 | 早期瘦身餐

制作辅食过程中经常会剩下的菜品之一就是乌塌菜。乌塌菜虽然富含维生素，但是在给宝宝制作辅食的时候只能选用叶部，而坚硬的茎部便会剩下。此时，我们可以用制作辅食余下来的乌塌菜茎部制成清凉感十足的果蔬汁。

制作方法

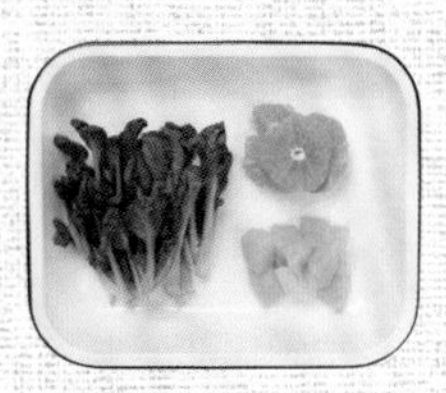

1.将乌塌菜处理干净，菠萝取其果肉。
2.橙子去皮。
3.将第1步的乌塌菜、菠萝和第2步的橙子一起放入榨汁机榨成汁。

* 材料
乌塌菜500克
菠萝110克
橙子260克

· 用粗盐擦拭橙子皮，再用小苏打擦拭，这样能够去除表面的农药。最好再用沸水稍微焯一下橙子。
· 菠萝最好选用新鲜的，尽量不要使用罐头。

西葫芦白菜糊

早期辅食

在制作辅食的时候，最好将西葫芦和白菜分别弄熟后再放入搅拌机搅拌，然后进行蒸煮，而不要一起进行处理。这是因为，如果辅食的浓度调不好的话会容易变成稠粥。所以，即便是非常繁琐，也建议大家分别对食材进行处理后使用。西葫芦具有清热利尿、除烦止渴功效。

制作方法

＊材料
浸泡好的大米15克
西葫芦10克
白菜叶5克
水200毫升

1.将浸泡好的大米和适量的水倒入搅拌机搅拌。
2.西葫芦去皮后只取果肉部分切成片，蒸煮3分钟。
3.将第2步的西葫芦放到大漏勺里碾碎并过滤。
4.将白菜叶焯过之后用冷水冲洗，然后用臼捣碎。
5.将第1、3、4步的材料和第2步煮西葫芦的水一起放到小锅里大火煮，同时用木铲搅拌。
6.待第5步的材料开始沸腾时转成小火再煮7分钟，同时用木铲搅拌。

1

2

3

4

5、6

TIPS

- 用煮蔬菜的水来制作辅食可以减少营养成分的流失。
- 西葫芦需要去皮去瓤后才能使用。因为瓜瓤有可能引起过敏。
- 请用盐水清洗西葫芦。
- 取白菜叶制作辅食，剩余部分可以用来做粥。

西葫芦苹果奶昔 | 早期瘦身餐

富含叶酸的西葫芦不仅是妊娠期间需要经常食用的食材，而且在产后瘦身时还可以起到保护胃的作用。在减肥过程中会出现胃酸的情况，食用西葫芦便可抑制胃酸分泌，进而起到保护胃的作用。而且，100克西葫芦中仅含有158.84焦耳的热量，所以无需担心多食。

制作方法

1.将西葫芦切成适当大小后煮5分钟，去除它本身散发出来的味道。
2.苹果去核后切成适当大小。
3.将第1步的西葫芦、第2步的苹果和适量牛奶及原味酸奶一起放入搅拌机搅拌。

＊材料
西葫芦135克
苹果150克
牛奶50毫升
原味酸奶50毫升

· 如果剩余西葫芦过多，可以煮熟后进行冷冻保存。用冷冻后的西葫芦可以制成凉爽的夏日饮品。
· 由于西葫芦本身具有甜味，所以无需再添加其他的甜味材料。

白菜西瓜汁 | 早期瘦身餐

白菜心是营养素聚集的部位，其内富含维生素C、钙、食物纤维等多种成分。即便不是为了减肥或美容，也是我们一定要摄入的食材。用白菜制成的饮料会散发出甜甜的味道，比想象中的要好喝。

制作方法

1.将白菜和西瓜切成适当大小。
2.将切好的白菜和西瓜放入榨汁机中榨成汁。
3.将适量的苏打水加入到第2步的材料中。

* 材料
白菜10克
西瓜400克
苏打水200毫升

TIPS

· 将剩余的白菜用报纸包好放到阴凉处，会保存很长时间。
· 用刀切过的白菜会从根部开始出现褐变现象，所以最好尽快食用。
· 请不要食用心部有所膨胀的白菜。

油菜萝卜糊

早期辅食

油菜具有提高免疫力的功效，所以是一定要加入辅食中的一种食材。但是，制作辅食的时候只能选取叶部，所以会余下很多。其实，我们可以将余下的部分制成小菜供爸爸妈妈食用。萝卜对支气管有好处，非常适用于患感冒的宝宝。

制作方法

* 材料
浸泡好的大米15克
油菜叶10克
萝卜5克
水200毫升

1.将浸泡好的大米和适量的水倒入搅拌机搅拌。
2.将油菜叶焯一下，然后用清水冲净后放到臼中捣碎。
3.萝卜去皮后煮10～15分钟，然后放到大漏勺中过滤。
4.将第1、2、3步的材料放到小锅中大火煮，同时用木铲搅拌。
5.待第4步的材料开始沸腾时转成小火再煮7分钟，同时用木铲搅拌。

1

2

3

4、5

TIPS

· 请选择新鲜的油菜，而且最好大小适中。叶子嫩绿并散发出光泽的为佳。
· 秋冬季节的萝卜很甜，所以宝宝会很喜欢吃。
· 萝卜绿色的部分富含纤维质，因此可以煮熟后放到大漏勺上过滤一下再食用。

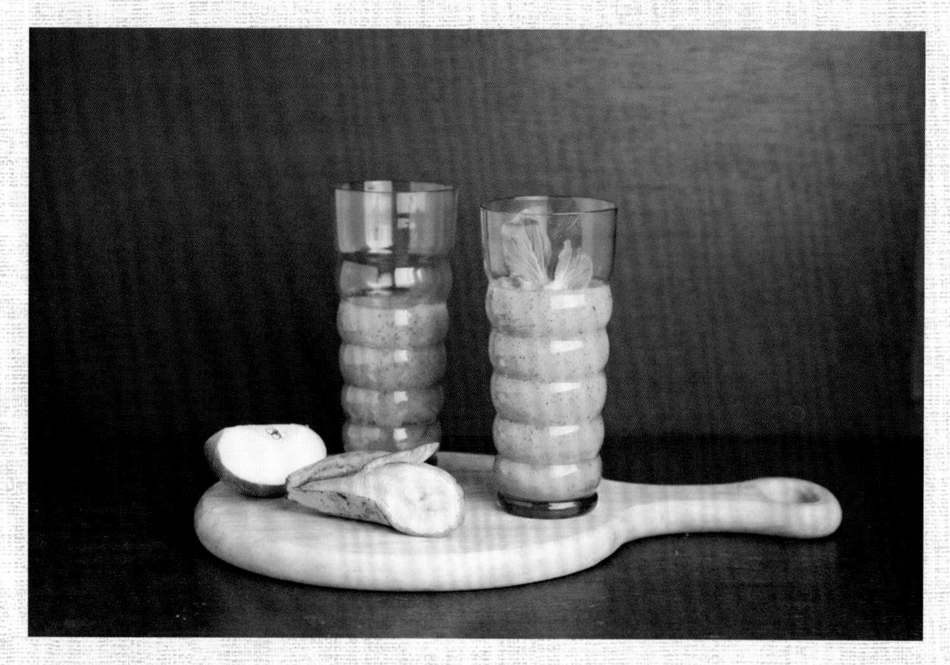

油菜苹果奶昔

早期瘦身餐

油菜中富含β-胡萝卜素，而且还富含钙和铁，是对女性非常好的食材。减肥过程中如出现贫血现象，吃点油菜苹果奶昔会有一定的帮助。油菜是富含维生素C的低热量食材，所以非常适合用来减肥。

制作方法

1.苹果洗净去核后切成适当大小。

2.油菜洗净后切成3厘米长的段。

3.将第1步的苹果、第2步的油菜、适量的原味酸奶和柠檬汁一起放入搅拌机搅拌。

* 材料

苹果100克

油菜8克

原味酸奶100毫升

柠檬汁5毫升

TIPS

· 油菜焯过后切成自己需要的大小，然后冷冻，可以长时间保存。如果使用冰盒会更加方便日后使用。

· 在对油菜进行冷藏保管的时候，如果将适量的水喷洒到叶子上会更加新鲜。

萝卜人参菠萝奶昔 | 早期瘦身餐

萝卜中富含有助于消化的淀粉酶。减肥的时候胃功能会下降，而且如果突然食入大量食物会造成胃部不适。此时，我们可以把萝卜菠萝奶昔当成消化药来饮用。通过天然消化药可以实现健康的食疗。

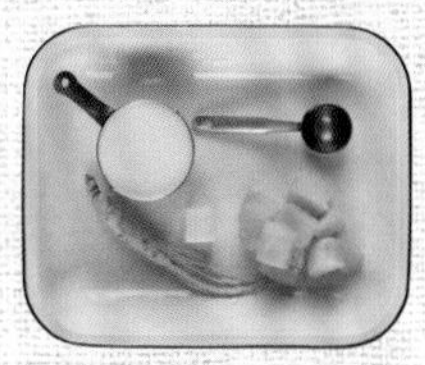

制作方法

1.将萝卜和菠萝切成适当大小。
2.将第1步的萝卜、菠萝以及人参、适量的牛奶一起放入搅拌机搅拌。
3.在第2步材料中加入适量的蜂蜜。

* 材料
萝卜10克，人参41克
菠萝220克
蜂蜜20克
牛奶200毫升

TIPS

· 萝卜叶和根部应分开保存。
· 萝卜白色部分比较辣，所以最好选用有甜味的绿色部分。
· 萝卜如果保存时间过长会丧失水分，遇风则会影响味道。

西蓝花土豆糊

早期辅食

西蓝花富含维生素，而且还是具有强大抗酸作用的食材。由于铁含量高，因此经常给宝宝吃可以为他们提供充足的铁质。所以，建议大家尽可能经常食用西蓝花。但是，由于西蓝花具有特殊的味道，有些宝宝可能会不喜欢，需要一点一点地加量。

制作方法

* 材料

浸泡好的大米15克

西蓝花花部5克

土豆5克

水200毫升

1.将浸泡好的大米和适量的水倒入搅拌机搅拌。

2.将西蓝花煮3分钟，将煮西蓝花用的水倒入搅拌机搅拌。

3.土豆去皮后煮10～15分钟，然后放到大漏勺中碾碎。

4.将第1、2、3步的材料全部倒入小锅中用大火煮，同时用木铲搅拌。

5.待第4步的材料开始沸腾时转成小火再煮7分钟，同时用木铲搅拌。

1

2

3

4、5

TIPS

- 西蓝花要去除坚硬的茎部，选用花部。在切花部的时候不要将花部切碎，要保持花的形状。
- 宝宝食用西蓝花坚硬的茎部也没有大问题。

西蓝花梨汁 | 早期瘦身餐

如果每天都在喝果蔬汁，有时也会想吃肉和小糕点，特别是想喝带糖的甜咖啡。但是，为了减肥还必须要忍耐，所以心情也会变得有些忧郁。此时，我们可以吃一些富含维生素K能够稳定情绪的西蓝花。维生素K可以阻止钙质的流失，而且还能有效预防骨质疏松。

制作方法

1.将西蓝花和梨切成适当大小。
2.将第1步的西蓝花和梨放入榨汁机榨成汁。

* 材料
西蓝花35克
梨170克

· 西蓝花花部丰满的为好。茎部坚硬，绿色且有光泽的为新鲜。
· 可用含有醋的水来清洗西蓝花。

苹果胡萝卜土豆汁

早期瘦身餐

由于最初对土豆汁有一定的排斥，所以就做了土豆果昔吃。慢慢就感觉自己也能接受土豆汁了。由于土豆特有的淀粉味道会留在口腔中，因此可以与类似于苹果或胡萝卜这些具有爽口功效的食材一起食用，这样就会大大减少苦涩的味道。

制作方法

1.将土豆、胡萝卜、苹果带皮切成适当大小。

2.将切好的土豆、胡萝卜和苹果一起放入榨汁机榨汁。

3.将柠檬汁混入第2步的材料中。

4.添加少许盐来调味。

＊材料

土豆150克

胡萝卜150克

苹果200克

柠檬汁15克

盐少许

TIPS

· 土豆如果长芽或出现绿色时有毒，绝对不能食用。

· 可以将土豆煮着吃。

豌豆苹果糊

早期辅食

用各种豆子来制作辅食是我经常会做的事情。然而，由于无法放弃豆子所含有的营养成分，所以要非常认真地一粒一粒扒出来进行制作。我们可以将扒好的豆子按照每顿的量进行保存，也可以用来制作奶昔。

制作方法

＊材料
浸泡好的大米15克
豌豆5克
苹果10克
水200毫升

1.将去掉豆荚的豌豆提前一天用水浸泡一下。
2.将浸泡好的大米和适量的水倒入搅拌机搅拌。
3.将浸泡好的豌豆去皮后煮上5分钟，然后用臼捣碎。
4.将苹果稍微焯一下，然后去皮去核，之后用礤板擦。
5.将第2、3、4步的材料全部放到小锅里煮，同时用木铲搅拌。
6.待第5步材料开始沸腾时转成小火再煮7分钟，同时用木铲搅拌。

1

2

3

4

5、6

· 由于豆皮会卡在宝宝的嗓子里，因此一定要做去皮处理。
· 豆子浸泡之后会很容易去皮。
· 如果宝宝出现过敏反应的话，那么带有豆类的辅食需要慢慢添加，不易操之过急。

豌豆苹果奶昔 | 早期瘦身餐

豌豆是制作辅食后经常会剩下的一种食材。豌豆的热量低，而且富含植物纤维。如果用豌豆来制作饮料的话，能够充分感受到浓郁的豆香。此外，豌豆中含有的维生素A对皮肤美容也十分有效。

制作方法

1.将豌豆煮熟。
2.苹果洗净去核后切成适当大小。
3.将第1步的豌豆和第2步的苹果以及适量的酸奶一起放入搅拌机搅拌。

* 材料
豌豆93克
苹果75克
酸奶200毫升

TIPS

· 用煮豌豆的水洁面对皮肤非常好。
· 豌豆可以带皮食用。
· 豌豆更适合与其他食材一起食用。

苹果胡萝卜汁 | 早期瘦身餐

在照顾宝宝的过程中，难免会出现吃不上饭的情况。此时，我们可以事先做一些果汁，等到有空的时候就可以拿出来喝上一杯。当我渐渐养成肚子饿的时候或没胃口的时候喝上一杯果汁的习惯以后，不知不觉就瘦下来了。

*材料
胡萝卜50克
苹果160克
水150毫升

制作方法

1.将苹果和胡萝卜切成适当大小。
2.将切好的苹果、胡萝卜以及适量的水一起倒入搅拌机搅拌。

- 苹果有助于消化。
- 苹果与生姜是非常适合搭配在一起的食材。当体寒或要感冒的时候，最好放一块生姜做成果蔬汁饮用。

地瓜油菜糊

早期辅食

辅食是宝宝最初了解各种食材所具有味道的一种方式。宝宝在开始接触食材不同味道与香气的同时，大脑也会随之发展。因此，我们要尽量通过不同的食材让宝宝接触多种味道。由于地瓜是具有甜味的食材，所以宝宝一般都不会拒绝。

制作方法

＊材料
浸泡好的大米15克
地瓜10克
油菜叶10克
水200毫升

1.将浸泡好的大米和适量的水倒入搅拌机搅拌。
2.地瓜去皮后煮10～15分钟，然后放到大漏勺上碾碎。
3.油菜叶焯过之后切碎。
4.将第1步和第3步的材料放到小锅里用大火煮，同时用木铲搅拌。
5.待第4步的材料开始沸腾时，加入第2步的材料再煮7分钟，同时用木铲搅拌。

1

2

3

4、5

・地瓜最好选用表面光滑的，表皮颜色深，黄瓤的地瓜。
・地瓜表皮变黑的地方有苦味，因此要除去此部位。

红瓤地瓜香蕉芒果果昔

早期瘦身餐

即使减肥的决心再强烈，但食物味道不好的话也会让人难以下咽。所有的食物都应该是美味可口的。奶昔就是非常好的选择。由于味道与果汁会有所不同，因此总会让人想念。虽然能够饮用的量比想象的要多，但一天最好也不要超过两杯。

制作方法

1.将红瓤地瓜带皮切成适当大小后蒸煮。
2.芒果去皮去核取果肉部分切成适当大小。
3.香蕉去皮。
4.将第1、2、3步的材料和适量的牛奶一起放入搅拌机搅拌。
5.可以根据自己的口味撒入一些肉桂粉。

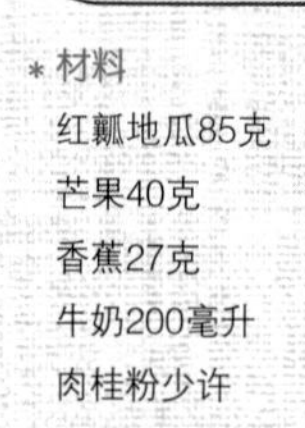

* 材料
红瓤地瓜85克
芒果40克
香蕉27克
牛奶200毫升
肉桂粉少许

· 红瓤地瓜富含维生素C。红瓤地瓜中所含有的维生素C有很强的抗热能力，因此蒸煮的话也不会破坏营养成分。
· 地瓜是高碳水化合物食物，如果食入过多会影响减肥效果。

白瓤地瓜西瓜油菜汁 | 早期瘦身餐

地瓜中所含有的纤维质不仅有利于排便，而且还具有帮助排除体内废物的功效。饮用地瓜制成的果汁还具有一定的排毒作用。

制作方法

1.将白瓤地瓜和西瓜去皮后切成适当大小。

2.将第1步的材料与小油菜一起放入榨汁机榨汁。

* 材料

白瓤地瓜200克

小油菜500克

西瓜500克

·地瓜最好放到阴凉通风的地方进行保存。地瓜之间用报纸隔一下能够保存更长的时间。

·地瓜颜色鲜明且深的为好，皮薄的地瓜更甜。

鸡肉菠菜糊

早期辅食

在接近早期辅食结束阶段的时候，不仅可以多种材料一同使用，还可以选用一些动物性食材。辅食最初选用的肉类应该是肉质少的部位。鸡肉中富含有利于大脑发育的蛋白质，菠菜具有防止皮肤衰老的功效。

制作方法

* 材料
浸泡好的大米15克
鸡里脊肉10克
菠菜叶10克
水200毫升

1.将泡好的大米和适量的水倒入搅拌机搅拌。
2.将鸡里脊部位的薄膜、脂肪和筋去掉后煮熟。
3.菠菜叶用水焯过之后切碎。
4.将第2步的材料焯过之后用臼捣碎，然后倒入煮鸡肉时的水1/2杯进行过滤。
5.将第1、3、4步的材料放到小锅里大火煮，同时用木铲搅拌。
6.待第5步的材料开始沸腾时转成小火再煮7分钟，同时用木铲搅拌。

1

2

3

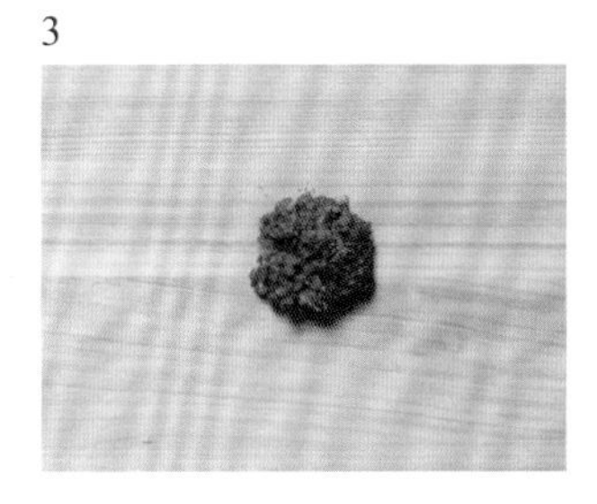

4

5、6

· 鸡肉需放到冷水中去除血水。
· 鸡肉厚实有光泽的为好。而且最好是挤压时有弹力，并呈现粉红色。
· 如果在鸡肉上涂抹上一些母乳或奶粉的话，可以去除肉腥味。

黄瓜橙汁 | 早期瘦身餐

橙子是制作果汁时经常选用的最基本食材。它可以和任何食材进行混合使用，并且能够保证味道的香甜。由于橙子具有非常好的抗酸化效果，因此如果持续食用的话可以有效防止老化。

制作方法

1.橙子去皮后取果肉部分。
2.黄瓜洗净后切成适当大小。
3.将第1步的橙子和第2步的黄瓜放到榨汁机里榨汁。

* 材料
橙子110克
黄瓜145克

· 橙子每年9 ~ 12月期间的味道最好。
· 夏季的橙子不仅有核，而且甜度低，水分少，所以味道不好。

红灯笼椒梨酸奶

早期瘦身餐

生吃红灯笼椒能够享受到那种脆脆的口感和甜甜的味道。但奇怪的是，如果将红灯笼椒搅碎的话香气会非常浓郁，但没什么味道，让人无法下咽。像这类具有特有香气的食材如果和酸奶一起食用的话就会变得非常美味。当然市面上销售的酸奶由于糖度较高，因此最好使用自制酸奶。

制作方法

1.将洗净的红灯笼椒和梨切成适当大小。
2.将第1步的红灯笼椒、梨与适量的原味酸奶放入搅拌机搅拌。

＊材料
红灯笼椒75克
梨100克
原味酸奶200毫升

TIPS

· 红灯笼椒最好选用颜色鲜明、表皮光滑的。
· 红灯笼椒放到干燥的环境下保存能够放很长时间。

泥是用蔬菜或谷物煮熟后制成的黏稠状食物，非常适合开始早期食用辅食的宝宝。但并不是非得在早期的时候给宝宝食用，因为宝宝都非常喜欢吃各种泥状食物，所以我们可以用做辅食余下的食材制成泥状食物，当成间食喂给宝宝。

• 土豆母乳泥

* 材料

土豆100克，母乳或奶粉50毫升

* 制作方法

1.土豆去皮后煮10～15分钟。
2.将煮熟的土豆用勺子碾碎，用大漏勺过滤。
3.将母乳一点一点倒入第2步的材料进行混合。

•• 地瓜母乳泥

* 材料

地瓜100克，母乳或奶粉50毫升

* 制作方法

1.地瓜去皮后煮10～15分钟。
2.将煮熟的地瓜用勺子碾碎，用大漏勺过滤。
3.将母乳一点一点倒入第2步的材料进行混合。

••• 甜南瓜泥

* 材料

甜南瓜100克

* 制作方法

1.甜南瓜去皮后煮10～15分钟。
2.将煮熟的甜南瓜用勺子碾碎，用大漏勺过滤。

•••• 豌豆泥

* 材料

浸泡好的豌豆100克

* 制作方法

1.将豌豆用沸水蒸煮10～15分钟。
2.用手揉搓煮熟的豌豆去皮。
3.用勺子将第2步的材料碾碎，并用大漏勺过滤。

早期间食
水果泥

将水果弄熟后搅拌或者碾成泥状即可完成水果泥的制作。还没有习惯甜味的宝宝也能够感受到水果甜味的美味，因此没有必要再添加其他的甜味了。

• 苹果泥

* 材料

苹果100克

* 制作方法

1.苹果去皮去核。
2.将苹果切碎后用沸水焯2分钟。
3.将焯熟的苹果放到大漏勺上碾碎并过滤。

•• 梨泥

* 材料

梨100克

* 制作方法

1.梨去皮去核。
2.将梨切碎后用沸水焯2分钟。
3.将焯熟的梨放到大漏勺上碾碎并过滤。

••• 西葫芦苹果泥

* 材料

西葫芦80克，苹果20克

* 制作方法

1.西葫芦去皮后只取果肉部分。
2.苹果去皮去核。
3.将西葫芦和苹果切碎后分别焯2分钟。
4.将第3步的苹果和西葫芦放到大漏勺上，用勺子碾碎并过滤。

•••• 西蓝花梨泥

* 材料

西蓝花75克，梨25克

* 制作方法

1.梨去皮去核。
2.西蓝花去除坚硬的筋部。
3.将西蓝花和梨切碎后分别焯制2分钟。
4.将第3步的西蓝花和梨放到大漏勺上，用勺子碾碎并过滤。

PART 2

COSTA
NOVA
宝宝中期辅食&
妈妈中期瘦身餐

牛肉油菜粥

中期辅食

中期辅食指的是小颗粒状粥形态的食物。也许是由于宝宝对需要咀嚼的质感比较陌生，因此有时候会将较大颗的米粒用舌头推出来。但即使这样，也要坚持喂食宝宝这种比较有韧性的食物。如果拒绝颗粒状的食物，可以用勺子将其碾碎。

制作方法

* 材料
浸泡好的大米15克
牛肉15克
油菜叶10克
肉汤（或水）250毫升

1.将浸泡好的大米和1/4杯肉汤倒入搅拌机搅拌，将米粒搅成1/4大小的颗粒。
2.将牛肉和油菜煮熟后切碎。
3.将第1、2步的材料和1杯肉汤倒入小锅里大火煮，同时用木铲搅拌。
4.待粥开始沸腾时转成小火再煮10分钟，同时用木铲搅拌。

1

2

3、4

● 请使用天然材料制成的肉汤。
● 如果没有肉汤，也可以直接使用清水。

TIPS

· 用搅碎的大米制作辅食要比直接用饭做更适合。
· 中期开始，叶菜可以不放到大漏勺上过滤。
· 一起煮牛肉和油菜的时候，需要先将牛肉捞出，油菜再稍微焯一下。
· 牛肉需放到冷水中浸泡10～15分钟，以便去除血水。

牛胸肉油菜卷沙拉

中期瘦身餐

一旦开始减肥，有些人是一点肉都不吃的。与宝宝辅食的菜单是一样的，减肥的时候动物性蛋白质的摄入也是非常重要的。将肉煮熟或蒸熟去除油脂后与蔬菜一起食用的话营养会更加均衡，而且不会有任何负担，同时也非常有利于健康。此外，成品菜看起来非常美观，还可以用来招待客人。

制作方法

* 材料
牛胸肉100克，油菜2棵
胡萝卜1/2个，越橘酱1大勺
炒好的大米1/2大勺，橄榄油、
盐少许，胡椒少许
胡萝卜腌制料
醋1大勺
水1大勺
盐1小勺
紫苏蛋黄酱调味汁材料
家制蛋黄酱2大勺
紫苏粉1大勺，柠檬汁2大勺
酱油1/2小勺
盐少许，胡椒少许

1.胡萝卜片成薄片，然后放入腌制胡萝卜时需要的所有材料进行腌制。
2.牛胸肉放到平底锅里烤制，去除油脂。
3.胡萝卜去水后与油菜一起放到碗里，然后在上方盖上一层牛肉。
4.将越橘酱和炒好的大米撒到第3步材料上方。
5.将所有调味料都混在一起搅拌。

1

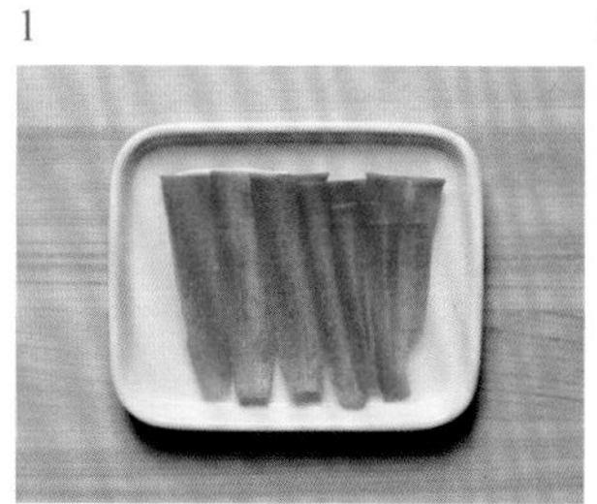

2

3

4

5

· 也可以选用其他部位的牛肉进行制作。

鸡肉莲藕乌塌菜粥

中期辅食

莲藕根据成熟程度的不同其质感也会有所不同。如果宝宝不喜欢食材触碰口腔的感觉，可以将其煮烂后喂食。但是，最好还是通过莲藕松脆的感觉来让宝宝接触新的触感。如果宝宝不是特别排斥的话，我们在制作的时候可以保持莲藕特有的质感。

制作方法

* 材料

浸泡好的大米15克
莲藕15克
鸡肉20克
乌塌菜叶10克
肉汤（或水）250毫升

1.将浸泡好的大米和1/4杯肉汤放入搅拌机搅拌，将米粒搅成1/4大小的颗粒。
2.鸡肉煮3分钟后剁碎。
3.将莲藕放入煮鸡肉的水中焯3分钟后切碎。
4.乌塌菜焯30秒后用冷水冲洗，滤水切碎。
5.将第1、2、3、4步的材料和1杯肉汤全部倒入小锅里大火煮，同时用木铲搅拌。
6.待粥开始沸腾时转成小火再煮10分钟，同时用木铲搅拌。

1

2

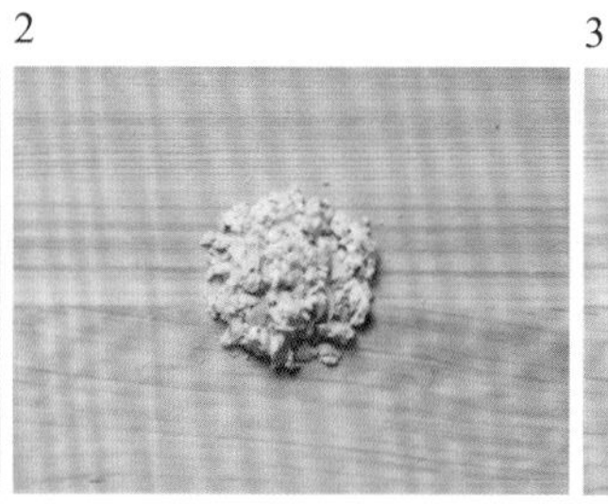

3

4

5、6

TIPS

- 将去皮的莲藕放入加有醋的水中浸泡可以防止褐变现象。
- 莲藕长时间蒸煮，口感与土豆相似。
- 鸡肉长时间蒸煮，可以很容易按照纹理撕碎。

鸡胸肉莲藕沙拉

中期瘦身餐

减肥期间接触到最多的食材之一就是鸡胸肉。清淡松软的鸡胸肉与蔬菜一起可以制成不错的早午餐。没有必要因为减肥而刻意食用没有什么味道的食物。摄入足够的美食与减肥可以同时实现。但是请记住，一定要避免过多摄入。

制作方法

1.将处理好的鸡肉用秘制材料进行腌制，然后放到烤架上烤制15分钟。

2.莲藕去皮后切成0.5厘米厚的片，用沸水煮2分钟。

3.将乌塌菜、洋莴苣、苦苣撕成适当大小，放到冷水中浸泡后捞出。

4.将迷你红灯笼椒切成适当大小，葡萄柚去皮取果肉部分。

5.将第1、2、3、4步的材料盛放到大碗中，加入梅子青酱进行凉拌。

＊材料

鸡胸肉200克，莲藕150克
乌塌菜30克，洋莴苣3张
苦苣3～4棵
迷你红灯笼椒2个
葡萄柚1/4个

秘制材料

橄榄油100毫升
洋葱碎1大勺
蒜泥1大勺，红辣椒面1大勺
盐少许，胡椒少许

梅子青酱材料

水3大勺，酱油3大勺，醋1大勺
柠檬汁2大勺，青梅2大勺
香油1大勺，蒜泥1大勺，
洋葱碎1大勺，盐少许，胡椒少许

1

2

3

4

5

· 鸡肉用秘制材料腌制一下会更嫩，而且会更加入味。
· 秘制材料与梅子青酱材料差不多，可以一起准备。

牛肉豌豆胡萝卜粥 | 中期辅食

中期辅食铁元素的供给是非常重要的。因此，牛肉成为了中期辅食最重要的食材。用冷水浸泡牛肉不仅可以去除腥味，还可以去除污物。

制作方法

* 材料
大米15克
牛肉15克
豌豆10克
胡萝卜10克
肉汤（或水）250毫升

1.将浸泡好的大米和1/4杯肉汤放入搅拌机搅拌，将米粒搅成1/4大小的颗粒。
2.将牛肉、豌豆、胡萝卜煮熟切碎。
3.将第1、2步的材料和1杯肉汤倒入小锅里大火煮，同时用木铲搅拌。
4.待粥开始沸腾时转成小火再煮10分钟，同时用木铲搅拌。

1

2

3、4

· 豌豆浸泡后会更容易去皮。
· 可以将牛肉处理好之后按照一次使用的量分别包装进行冷冻保存。

豌豆胡萝卜沙拉

中期瘦身餐

一般会用土豆或地瓜来制成泥状食品，但尝试用制作辅食余下的豌豆和胡萝卜来制作泥状食物味道也非常香醇可口。一次可以多做些放到冰箱保存，没事儿的时候可以拿出来吃。虽然加入生奶油、酸奶、蛋黄酱和黄油会更加柔软，但家制蛋黄酱会更利于减肥。

制作方法

* 材料
  豌豆50克
  胡萝卜200克
  家制蛋黄酱3大勺
  杏仁片2大勺
  葡萄干2大勺
  盐少许
  胡椒少许

1.豌豆用沸水煮10～15分钟。
2.胡萝卜切成适当大小后用沸水煮熟。
3.将第1步的豌豆和第2步的胡萝卜稍微碾一下。
4.将3大勺家制蛋黄酱、2大勺杏仁片、2大勺葡萄干、少许盐和胡椒加入到第3步的材料里搅拌。

1

2

3

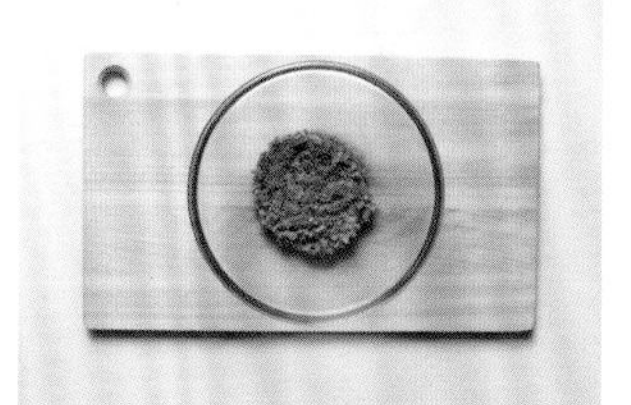

4

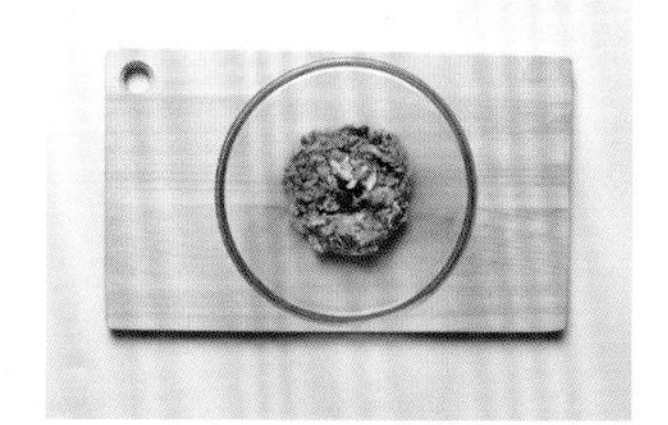

- 最好将豌豆的皮也去掉。
- 煮豌豆的时候如果放少许盐可以让豌豆入味。
- 可以根据不同的季节，用地瓜、土豆、甜南瓜来做。
- 将芥末加入到豌豆胡萝卜沙拉中可以呈现出不同的味道。

鸡肉菠菜豆腐粥

中期辅食

7个月开始就可以食用豆腐了，豆腐可以与各种食材搭配使用，所以当没有特别准备什么食材的时候可以使用。但是，如果你担心宝宝会过敏的话，可以等到周岁之后再使用。豆腐中富含钙和蛋白质，有助于宝宝的成长发育。建议大家经常给宝宝制作含有豆腐的辅食。

制作方法

＊材料

浸泡好的大米15克

豆腐15克

鸡肉20克

菠菜10克

肉汤（或水）250毫升

1.将浸泡好的大米和1/4杯肉汤放到搅拌机里搅拌，将米粒搅成1/4大小的颗粒。

2.豆腐焯2分钟后碾碎。

3.鸡肉煮3分钟后剁碎。

4.菠菜焯30秒后用冷水冲一下，滤水切碎。

5.将第1、2、3、4步的材料和1杯肉汤一起倒入小锅里大火煮，同时用木铲搅拌。

6.待粥开始沸腾时转成小火再煮10分钟，同时用木铲搅拌。

1

2

3

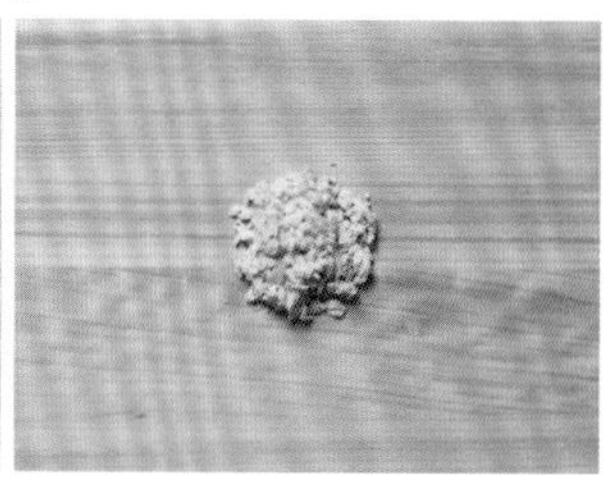

4

5、6

TIPS

- 菠菜用报纸包好放到阴凉通风的地方可以延长保存时间。
- 如果菠菜过多，可以一次焯好后按照一次使用的量分别包装进行冷冻保存。
- 菠菜事先切好之后再冷冻也可以。

鸡胸肉菠菜沙拉

中期瘦身餐

虽然大家都知道鸡胸肉有利于减肥这一事实，但由于它干涩的质感和其特有的腥味使我们很难接受。一般都是为了给宝宝做辅食而购买，但制作辅食后余下的量比想象的要多很多。此时，可以将鸡胸肉煮熟撕碎后拌上调味汁吃。口感比想象的要柔软，而且味道也不错，但须注意的是此时使用的调味汁必须是低热量的。

制作方法

1.将鸡胸肉放到加入了少许盐的水中煮熟，然后按照纹理撕开，拌上调味汁。
2.将洋葱切成0.2厘米厚的条，鸡蛋煮至九成熟后四等分。
3.将小番茄两等分。
4.将菠菜和臭菜用手撕成适当大小，用冷水浸泡后放到大漏勺上滤水。
5.将第2步的洋葱、第3步的小番茄、第4步的菠菜和臭菜盛放到碗中，然后加上第1步的鸡胸肉和鸡蛋，加调味料汁材料均匀搅拌。

* 材料

鸡胸肉200克，菠菜150克
臭菜50克，洋葱1/4个
鸡蛋2个，小番茄6个
橄榄油1大勺，盐少许

五味子调味汁材料

五味子3大勺
五味子醋1大勺
橄榄油4大勺
白葡萄酒2小勺
蜂蜜2大勺
盐少许
胡椒少许

1

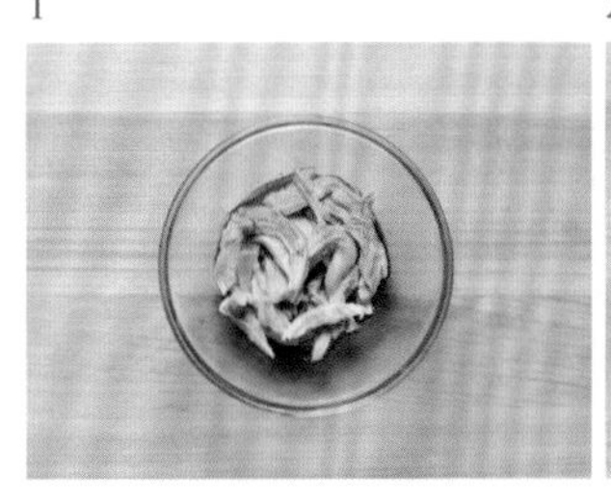

2

3

4

5

· 可以使用给宝宝做辅食余下的菠菜。
· 如果不喜欢半熟的鸡蛋可以煮15分钟让其充分熟透。
· 菠菜只用柔软的叶部。

牛肉香菇卷心菜粥

中期辅食

给宝宝做辅食的时候不应该放盐、酱油、胡椒等调料。因此，每次尝味道的时候都会因为没有咸淡而感到对不起宝宝。香菇是天然调料，能够散发出清香的味道，所以宝宝非常喜欢吃。

制作方法

＊材料
浸泡好的大米15克
牛肉15克
香菇10克
紫甘蓝10克
肉汤（或水）250毫升

1.将浸泡好的大米和1/4杯肉汤倒入搅拌机搅拌，将米粒搅成1/4大小的颗粒。
2.牛肉煮熟后切成0.3厘米大小。
3.将香菇和紫甘蓝焯2分钟后切成0.3厘米大小。
4.将第1、2、3步的材料和1杯肉汤倒入小锅里大火煮，同时用木铲搅拌。
5.待粥开始沸腾时转成小火再煮10分钟，同时用木铲搅拌。

1

2

3

4、5

TIPS

・香菇应去除根部。
・紫甘蓝选用较为柔软的叶部。

菌类沙拉 | 中期瘦身餐

具有多种味道和香气的菌类不仅是天然的调料，而且还可以烤着吃。虽然在不加盐的情况下更为美味，但如果觉得比较单调的话可以放少许盐。在炒制菌类的时候因为它们自身会出水，所以我们要尽量少放油。

制作方法

1.去掉香菇的根部后切成0.4厘米厚薄的条，平菇用手撕成适当大小，杏鲍菇切成适当大小。
2.洋葱和香葱切成0.2厘米大小。
3.平底锅抹上橄榄油，将洋葱炒至透明。
4.待洋葱透明时加入松茸翻炒，然后再加入香菇、平菇、杏鲍菇和少许盐、胡椒，炒至3分钟，直至熟透。
5.将调味汁材料全部倒入搅拌机搅拌，制成调味汁。
6.待菌类全部炒好后倒入调味汁均匀搅拌，最后在拌好的菌类上方撒上蒜泥。

* 材料

香菇4个，松茸4个
平菇100克，洋葱20克
杏鲍菇100克
香葱1根
橄榄油、盐、胡椒各少许
蒜泥少许

意大利罗勒香醋调味汁材料

罗勒叶1片，蒜1头
松子仁2小勺
帕玛森奶酪2大勺
橄榄油3大勺
意大利香醋1大勺
盐、胡椒各少许

1

2

3

4

5

6

· 洋葱长时间炒制会散发出甜味。
· 调味汁材料用臼捣的话香味更浓。

鸡肉地瓜糯米粥

中期辅食

鸡胸肉由于脂肪含量低，而且富含蛋白质，所以是制作辅食时的常选食材。其内含有大量的B族维生素，有利于促进肌肉生长。地瓜作为营养成分聚集在根部的蔬菜，味道好，营养价值高，是非常适合制作辅食的食材。用鸡胸肉和地瓜一起制作辅食会散发出浓郁醇香的味道，所以宝宝都很喜欢吃。

制作方法

* 材料
浸泡好的大米15克
鸡胸肉15克
地瓜10克
肉汤（或水）250毫升

1.将浸泡好的大米和1/4肉汤倒入搅拌机搅拌，将米粒搅成1/4大小的颗粒。
2.鸡胸肉沸水煮3分钟后切成0.3厘米大小。
3.地瓜煮10分钟后切成0.3厘米大小。
4.将第1、2、3步的材料和1杯肉汤倒入小锅里大火煮，同时用木铲搅拌。
5.待粥开始沸腾时转成小火再煮10分钟，同时用木铲搅拌。

1

2

3

4、5

TIPS

· 红瓤地瓜水分多，浓度较稀；白瓤地瓜水分少，浓度较稠。要根据所选地瓜的种类来调节水的多少。
· 充分熟透的鸡胸肉虽然很好撕，但按照纹理撕下来会比较长，因此最好切一下。

地瓜沙拉

中期瘦身餐

地瓜由于含有植物纤维会让人产生饱腹感，同时也是一种美味的食材。地瓜煮熟后会更加香甜，所以可以当成间食来食用。将西蓝花和菜花稍微焯一下可以减少营养成分的流失，焯后可食用。

制作方法

* 材料
地瓜1个
菜花1/4个
西蓝花1/4个
原味酸奶调味汁材料
豆腐1/4块
原味酸奶3大勺
蜂蜜1小勺
盐少许
胡椒少许

1.地瓜去皮后切成适当大小。
2.菜花和西蓝花切成适当大小后焯一下。
3.豆腐焯过后碾碎，然后混入调味汁搅拌。
4.将第1步的地瓜和第2步的菜花、西蓝花加入到第3步拌好的豆腐中，搅拌均匀。

1

2

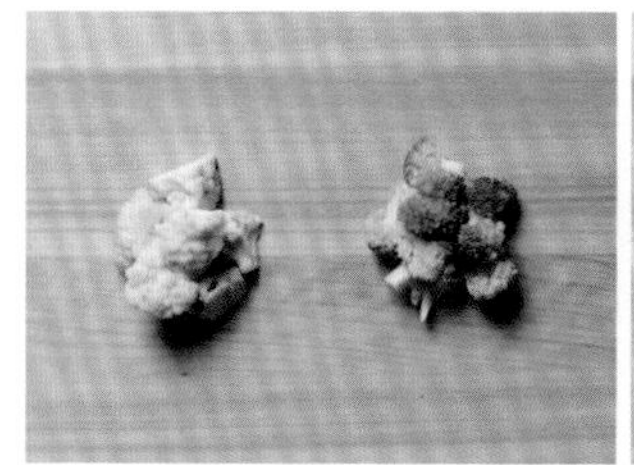

3

4

· 西蓝花和菜花处理好之后按照一次的量分开包装冷冻，使用起来更为方便。
· 剩余的豆腐可以放入水中浸泡保存。

牛肉蔬菜粥

中期辅食

牛肉中蛋白质含量高，而脂肪含量低，味道鲜美。但是，牛肉中含有的铁、磷、钙等无机质会在我们体内作为酸性物质残留下来，因此最好与碱性食品一起食用。此阶段的宝宝随着好奇心的增强，吃辅食时是不会安静地待着的，最好的方法就是选用多种颜色的食材来吸引宝宝。

制作方法

1.将泡好的大米和1/4杯肉汤倒入搅拌机搅拌，将米粒搅成1/4大小的颗粒。
2.牛肉和胡萝卜煮熟后切成0.3厘米大小。
3.西葫芦和西蓝花焯2分钟，然后切成0.3厘米大小。
4.将第1、2、3步的材料和1杯肉汤倒入小锅里大火煮，同时用木铲搅拌。
5.待粥开始沸腾时转成小火再煮10分钟，同时用木铲搅拌。

＊材料
浸泡好的大米15克
牛肉15克
胡萝卜5克
西葫芦10克
西蓝花5克
肉汤（或水）250毫升

1

2

3

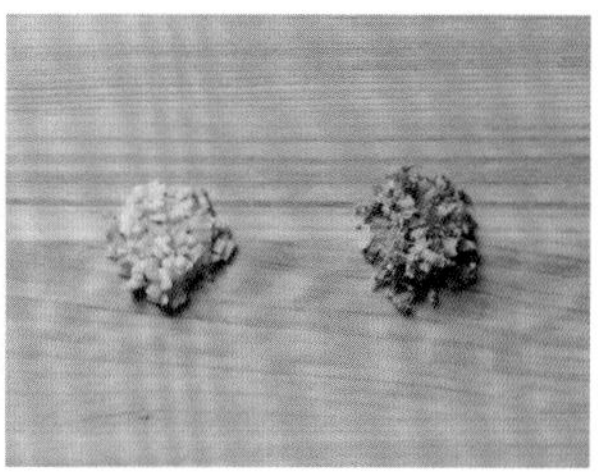

4、5

・可以加入不会引起宝宝过敏的任何蔬菜。
・菜粥是一次性能让宝宝吃到多种蔬菜的最简便的营养餐。

烤牛肉蔬菜沙拉

中期瘦身餐

由于碳水化合物含量的下降，在减肥的时候会出现力气下降的情况。特别是育儿与瘦身同时进行时，还会出现眩晕的情况。此时最需要补充高蛋白，我们可以选用多种蔬菜搭配少油脂的肉类进行制作。

制作方法

1.牛肉用冷水浸泡一下去除血水。

2.将红灯笼椒、西葫芦、西蓝花、茄子、洋葱切成适当大小。

3.将第2步的材料用芥末油调味汁腌制。

4.将第3步腌制的蔬菜和第1步的牛肉放到锅里烤，烤好后将牛肉切成适当大小。

5.将用来腌制第3步蔬菜的调味汁煮熟后冷却，然后浇盖到第4步的材料上。

＊材料

牛肉100克
红灯笼椒1个
西葫芦1/4个
西蓝花1/4个
茄子1/4个
洋葱1/2个
芥末调味汁材料
橄榄油2/3杯
比安科白葡萄酒1/3杯
蜂蜜1大勺
柠檬汁1/2大勺
芥末1小勺
白葡萄酒1小勺
盐少许
胡椒少许

1

2

3

4

5

・也可以用调味汁搭配意式甜点。
・蔬菜烤制时间过长会破坏口感，所以稍微烤制一下即可，保留其松脆的感觉。
・西葫芦和胡萝卜可以用模具处理成薄片用来作装饰。

鳕鱼菠菜粥 | 中期辅食

鳕鱼是一种低脂肪，维生素、氨基酸、钙、铁成分较均衡的食材。特别是富含维生素A、维生素B_1、维生素B_2。菠菜富含鳕鱼中没有的纤维质和维生素，所以适合与鳕鱼一起使用。辅食是宝宝形成良好饮食习惯非常重要的过程。因此一定不要追着宝宝喂食，而要让他们养成坐在固定位置进食的习惯。

制作方法

* 材料

浸泡好的大米15克

鳕鱼15克

菠菜5克

肉汤（或水）85毫升

1.将泡好的大米和1/3杯肉汤倒入搅拌机搅拌，将米粒搅成1/4大小的颗粒。

2.鳕鱼用沸水焯5分钟后用臼捣碎。

3.菠菜焯制30秒后用冷水冲洗，滤水后切成0.3厘米大小。

4.将第1步的材料和2/3杯肉汤倒入小锅里大火煮。

5.待粥开始沸腾时转成小火，然后加入第2步的鳕鱼和第3步的菠菜，再煮10分钟，同时用木铲搅拌。

1

2

3

4、5

TIPS

· 6个月之后就可以喂食鱼肉了。

· 请避免食用像金枪鱼一样较大的海鱼或淡水鱼。

· 海鱼最好用蒸锅蒸一下。

· 可以使用海带肉汤。

油炸鳕鱼沙拉

中期瘦身餐

像制作节日食物时一样将鳕鱼油炸后拌上蔬菜沙拉，即可享受到香醇的美味。减肥过程中有时会想吃油炸食品，此时就可以吃这道油炸鳕鱼沙拉，但不要过多食入鳕鱼肉。

制作方法

＊材料

鳕鱼肉200克，紫甘蓝1/2棵
红灯笼椒1个，小番茄6个
黑橄榄6个，墨西哥辣椒4个

勾芡材料

淀粉5大勺，牛奶2大勺
鸡蛋1个，蒜粉少许
面包糠少许
盐少许，胡椒少许

爱尔兰调味汁材料

家制蛋黄酱3大勺
切碎的洋葱2大勺
切碎的酸黄瓜1大勺
蜂蜜1小勺
盐少许，胡椒少许

1.将鳕鱼肉片成片。
2.将勾芡材料全部倒在鳕鱼上。
3.鳕鱼肉上蘸上面包糠，然后放到平底锅里煎。
4.将紫甘蓝、红灯笼椒、小番茄、黑橄榄、墨西哥辣椒切成适当大小。
5.将第3步的鳕鱼盖在第4步的蔬菜上。
6.用南爱尔兰调味汁凉拌第5步的材料。

1

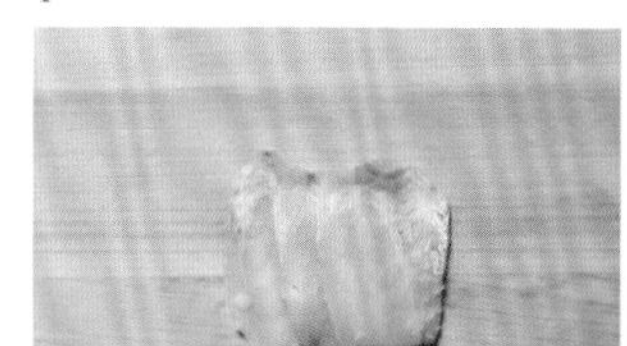

2

3

4

5、6

· 淀粉会比面粉更能够让食材提味。
· 使用空气炸锅会减少油脂。
· 可以用小刷子在鱼肉表面刷上一些油。

牛肉大米大枣粥

中期辅食

宝宝满6个月以后就可以食用杂粮了。像黑米、大米等米类粮食有很多种，因此最好让宝宝多接触不同的米类。大米是味道香醇的一类米，可以将这类米放到水中充分浸泡后制成辅食喂给宝宝，有助于帮宝宝消化。在制作辅食的时候加入一些具有解毒作用，并能够改善过敏体质的大米是非常不错的选择。

制作方法

＊材料

浸泡好的大米15克

牛肉20克

大枣10克

肉汤（或水）250毫升

1.将泡好的大米和1/4杯肉汤倒入搅拌机搅拌，将米粒搅成1/4大小的颗粒。

2.牛肉煮熟后切成0.3厘米大小。

3.大枣去核后用沸水焯5分钟，然后去皮放到大漏勺中碾碎过滤。

4.将第1、2、3步的材料和1杯肉汤倒入小锅里大火煮，同时用木铲搅拌。

5.待粥开始沸腾时转成小火，再煮10分钟，同时用木铲搅拌。

1

2

3

4、5

TIPS

・大米搅碎后便于宝宝食用。

・也可以用大米以外的米类进行制作。

大米蔬菜沙拉

中期瘦身餐

大米富含食物纤维，不仅可以防止体内毒素的沉积，还可以防止脂肪的囤积，因此具有预防肥胖的效果。能够让人感到饱胀，因此，将炒过的大米与蔬菜沙拉混在一起会成为非常有效的减肥食谱。

制作方法

＊材料
洋莴苣1/2棵
苦苣1把
长叶莴苣2张
小番茄3个
黑橄榄6个
炒过的大米4大勺
调味汁材料
蜜莓1/2杯
橄榄油1/2大勺
盐少许
胡椒少许

1.将洋莴苣、苦苣、长叶莴苣撕成适当大小，用冷水浸泡后放到大漏勺上过滤水分。
2.将小番茄切成两半，黑橄榄片成片添加到第1步的材料里。
3.将炒过的大米撒在第2步的沙拉上。
4.将所有调味材料混合在一起制成调味汁后淋在沙拉上。

1

2

3

4

TIPS

・蜜莓可以用同等量的树莓和蓝莓混合后加入等量的蜂蜜制成。
・炒过的大米吃起来香醇可口。
・炒过的大米可以当成麦片来食用。

牛肉大米栗子西葫芦粥

中期辅食

大米中维生素E的含量是大米的4倍，钙含量是大米的8倍。而且，植物纤维的含量也远远高于大米。但由于它难于消化，因此最好浸泡以后在使用。栗子中富含碳水化合物、蛋白质、钙、维生素A、B族维生素、维生素C，非常有利于宝宝的成长与发育。

制作方法

＊材料
浸泡好的大米15克
牛肉20克
栗子15克
西葫芦10克
肉汤（或水）250毫升

1.将泡好的大米和1/4杯肉汤倒入搅拌机搅拌，将米粒搅成1/4大小的颗粒。
2.牛肉煮熟后切成0.3厘米大小。
3.栗子和西葫芦用沸水煮3分钟后切成0.3厘米大小。
4.将第1、2、3步的材料和1杯肉汤倒入小锅里大火煮，同时用木铲搅拌。
5.待粥开始沸腾时转成小火，再煮10分钟，同时用木铲搅拌。

1

2

3

4、5

TIPS

・西葫芦和栗子煮熟后很容易碾碎，所以大一点也没关系。
・还可以用母乳或奶粉来代替肉汤。

西葫芦番茄沙拉

中期瘦身餐

减肥期间也会有想吃面食的时候。面包和意面的诱惑是十分强烈的。此时，可以用蔬菜来代替。西葫芦稍微加些调料就会有像意面一样的质感，再配上充满新鲜味道的调味汁就成了想吃面食时的最佳选择。

制作方法

1.将番茄、红灯笼椒、洋葱切成适当大小的块儿。
2.去除黑橄榄和柿饼核。
3.将所有调味汁材料放到搅拌机里搅拌。
4.用制面机将西葫芦处理成面条形状。
5.将第4步的西葫芦撒上盐，去除水分后盛放到装有调味汁的碗里。

* 材料
西葫芦2个
番茄2个
红灯笼椒1/4个
洋葱1/8个
黑橄榄8个
柿饼1个
盐少许
调味汁材料
鲜罗勒叶8张
橄榄油2小勺
盐少许
胡椒少许

1

2

3

4

5

· 可以用西红柿代替小番茄。
· 如果没有制面机的话，可以用模子制成面条形状。

玉米甜南瓜羹

中期辅食

玉米最好不要选用罐头，而是将生玉米煮熟后使用。玉米粒罐头虽然有甜味，但却含有人工甜味剂，所以要尽量避免使用。玉米皮不利于消化，需要用大漏勺去皮。

制作方法

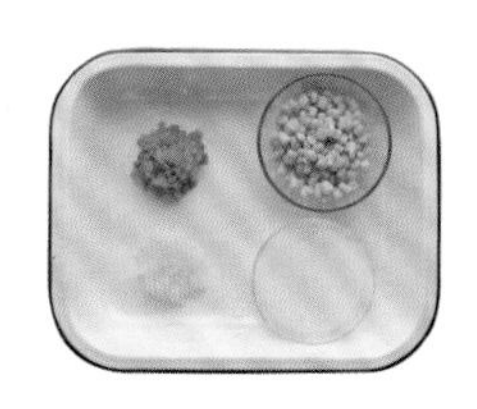

* 材料

玉米80克

甜南瓜20克

洋葱15克

母乳80毫升

1.玉米煮熟后去皮放到大漏勺上碾碎。

2.南瓜去皮去核后切成适当大小，煮10～15分钟碾碎。

3.洋葱切成条以后用沸水煮，然后切碎。

4.将第1、2、3步的材料和母乳放到小锅里煮2分钟。

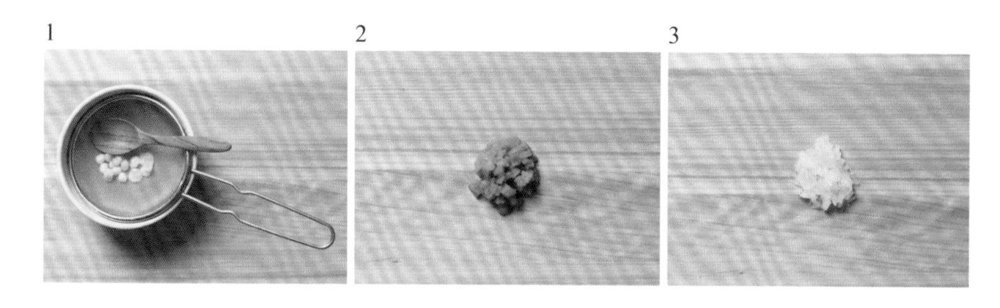

1 2 3

4

TIPS

- 没添加米类的汤羹可以当成间食喂食。
- 大家可以多用碾过之后会变软的食材来做汤羹。

玉米甜南瓜沙拉

中期瘦身餐

不需要做辅食的时候一般都会食用玉米粒罐头。因为煮玉米的过程比较复杂，而且体积较大不方便烹制，因此是不会经常接触的食材。但是自从开始制作辅食，我就开始买生玉米自己煮熟吃，还被它那清香的味道所吸引。从此便开始享受玉米粒的美味了。

制作方法

* 材料

玉米150克
甜南瓜1/2个
洋葱碎1/2个
酸黄瓜1根
葡萄干1勺
花生碎2勺
捣碎的腰果2勺
苹果薄荷1张
蜂蜜1勺
盐少许

1.玉米粒煮熟后放到大漏勺上过滤水分。
2.甜南瓜去皮后切成适当大小，放到蒸锅里蒸20分钟。
3.洋葱切碎后加少许盐腌制一下，然后拧一拧。
4.酸黄瓜切碎后攥干水分。
5.将第1步的玉米、第2步的甜南瓜、第3步的洋葱、第4步的酸黄瓜与葡萄干、花生碎、捣碎的腰果、蜂蜜一起放到大碗里均匀搅拌，最后在上面放上苹果薄荷。

1

2

3

4

5

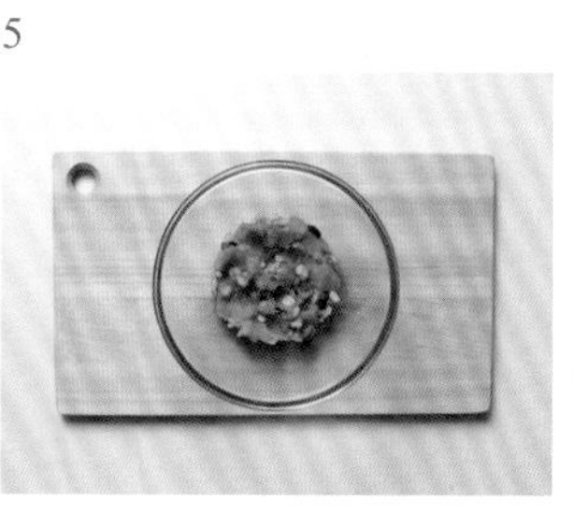

· 甜南瓜趁热更容易碾碎。
· 任何坚果都可以使用。
· 没有苹果薄荷也可以。

西蓝花羹

中期辅食

汤羹虽然可以用勺子舀着吃，也可以盛到杯子里像喝牛奶一样饮用。开始用杯子进行饮食练习时可以在杯子里加入牛奶、母乳或者是汤羹。通过这种练习会很自然地戒掉宝宝的奶瓶。所以，在喂食可以盛到杯子中饮用的辅食时，一定要坚持住。

制作方法

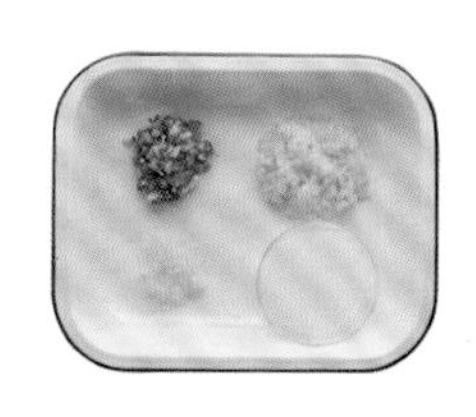

＊材料
土豆80克
西蓝花20克
洋葱15克
母乳（或奶粉）80毫升

1.土豆去皮煮熟后碾碎。
2.将西蓝花的花部洗净后用沸水焯3分钟，然后切碎。
3.洋葱切成条放到沸水中焯，焯好后切碎。
4.将第1、2、3步的材料和母乳一起倒入小锅里煮2分钟。

1

2

3

4

TIPS

・也可以用菜花代替西蓝花。
・土豆、地瓜、甜南瓜是可以相互替代的食材。

西蓝花番茄沙拉

中期瘦身餐

番茄由于富含钙，因此有助于钠的排出。如果担心早上起来出现水肿，可以多食用番茄。此外，9～11个番茄的热量与一小碗饭的热量相等，所以减肥的时候可以将番茄当成正餐吃。

制作方法

1.洋葱切成丝后放入抹有橄榄油的平底锅里炒。

2.将西蓝花、番茄、土豆、黑橄榄和培根切成适当大小，加入少许盐和胡椒用平底锅炒。

3.将洋莴苣、臭菜用手撕成适当大小，冷水浸泡后捞出滤水。

4.将洋莴苣、臭菜盛放到盘子中，然后在盖上洋葱、西蓝花、番茄、黑橄榄、土豆和培根。

5.将橙汁调味汁加入到第4步的材料里。

* 材料

西蓝花300克，土豆1/2个
洋莴苣1/3棵，臭菜2根
培根10克，黑橄榄6个
番茄1个，洋葱1/2个
橄榄油少许
盐少许，胡椒少许

橙汁调味汁材料

橙子1/2个
捣碎的洋葱3大勺
蒜泥1大勺
橄榄油3大勺
柠檬汁2大勺
盐少许，胡椒少许

1

2

3

4

5

· 臭菜用纱布包上的话可以长时间保存。

泥状食物中虽然常使用含有淀粉的食材，但其实也可以使用其他种类的食材。用两种以上的食材制作可以让宝宝享受到不同的味道。尤其是泥状食物的口感软糯，是宝宝们非常喜欢吃的一类食物。

• 栗子胡萝卜泥

* 材料

栗子80克，胡萝卜30克

* 制作方法

1.栗子煮10分钟后碾碎。

2.胡萝卜煮10分钟后碾碎。

3.将碾碎的栗子和胡萝卜混合在一起。

•• 土豆豌豆泥

* 材料

土豆80克，豌豆40克

* 制作方法

1.土豆煮10分钟后碾碎。

2.豌豆煮10分钟后碾碎。

3.将碾碎的土豆和豌豆混合在一起。

••• 甜南瓜软豆腐泥

* 材料

甜南瓜80克，软豆腐30克

* 制作方法

1.甜南瓜煮10分钟后碾碎。

2.软豆腐用沸水焯30秒后碾碎。

3.将碾碎的甜南瓜和软豆腐混合在一起。

•••• 地瓜鸡蛋黄泥

* 材料

地瓜80克，鸡蛋黄30克

* 制作方法

1.地瓜煮10分钟后碾碎。

2.鸡蛋煮12分钟后取蛋黄碾碎。

3.将碾碎的地瓜和蛋黄混合在一起。

用榨汁机可以制作非常受宝宝欢迎的水果汁。在宝宝喜欢吃的水果中加入一些平时不太喜欢吃的水果制成果汁喂食，可以让宝宝均匀摄入各种营养。

• 苹果黄瓜汁

* 材料

苹果80克，黄瓜30克

* 制作方法

1.将苹果和黄瓜用沸水焯30秒左右。

2.将焯过的苹果和黄瓜放到榨汁机里榨汁。

•• 梨菠菜汁

* 材料

梨80克，菠菜30克

* 制作方法

1.将梨和菠菜用沸水焯30秒。

2.将焯好的梨和菠菜放到榨汁机里榨汁。

••• 蛋白豆浆

* 材料

豆腐50克，母乳（或奶粉）100毫升，炒过的豆粉4克

* 制作方法

1.豆腐用沸水焯30秒左右。

2.将豆腐和炒过的豆粉加入到母乳中搅拌。

•••• 蛋白豆浆李子拿铁

* 材料

李子30克，蛋白豆浆85克

* 制作方法

1.李子去皮后切成适当大小。

2.将李子和蛋白豆浆均匀搅拌。

PART 3
宝宝后期辅食&
妈妈后期瘦身餐

豌豆西葫芦稀饭

后期辅食

豌豆对胃很好，在胃不舒服或者是恶心的时候食用会非常有效果。但是，由于其内含有微量氢酸，因此，每天的喂食量最好不要超过40克。直到宝宝适应食材原有的香味，形成正确饮食习惯为止都不要加调料。

制作方法

＊材料
稀饭50克
豌豆15克
西葫芦10克
肉汤（或水）100毫升

1.豌豆用水浸泡1天使其膨胀，去皮后用臼捣碎。
2.西葫芦处理好之后切成0.4厘米大小。
3.将第1、2步的材料和适量肉汤全部倒入小锅里大火煮5分钟，用木铲搅拌。
4.将稀饭放到第3步的材料上然后转成小火再煮3分钟，同时用木铲搅拌。

1

2

3

4

TIPS

・豌豆用刀背碾成较粗的颗粒也没关系。
・在做大人饭的时候可以让饭汤大些，这样方便制作辅食。

西葫芦意面沙拉

后期瘦身餐

由于我个人非常喜欢西葫芦，所以经常炒着吃或磨碎了吃。西葫芦具有利尿作用，所以能够起到排除体内毒素的作用。此外，当减肥过程中出现胃痛或不舒服的时候吃些西葫芦可以有效阻止胃酸过多分泌。还可以预防胃灼热的情况。减肥过程中出现泛酸水的情况也可以吃些西葫芦。

制作方法

1.将调味汁材料全部放入搅拌机搅拌，然后倒入平底锅里煮一下。
2.用放入少许盐和橄榄油的水煮螺蛳粉约10分钟，然后倒入大漏勺过滤水分。
3.将洋葱切成丝，西葫芦和茄子切成半月形后腌制一下。
4.将第3步的洋葱、西葫芦和茄子放到烧热的锅中烤制。
5.将第2步的螺蛳粉、第4步的洋葱、西葫芦和茄子与第1步的调味汁放到一起均匀搅拌，然后再撒上帕玛森干酪粉。

* 材料

西葫芦1/3个，茄子1/2个
黑橄榄5个，小番茄10个
螺蛳粉1杯，洋葱1/2个
蒜2瓣
帕玛森干酪粉少许
橄榄油2大勺，盐少许

秘制腌制料材料

罗勒少许，橄榄油少许
帕玛森干酪粉少许
盐少许，胡椒少许

番茄橄榄油调味汁材料

小番茄15个，蒜1瓣
橄榄油1大勺，柠檬汁1大勺
罗勒叶少许
止痢草1小勺，盐少许
胡椒少许

1

2

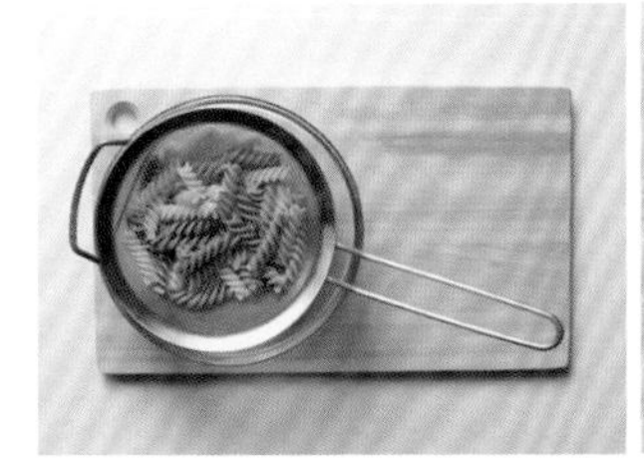

3

4

5

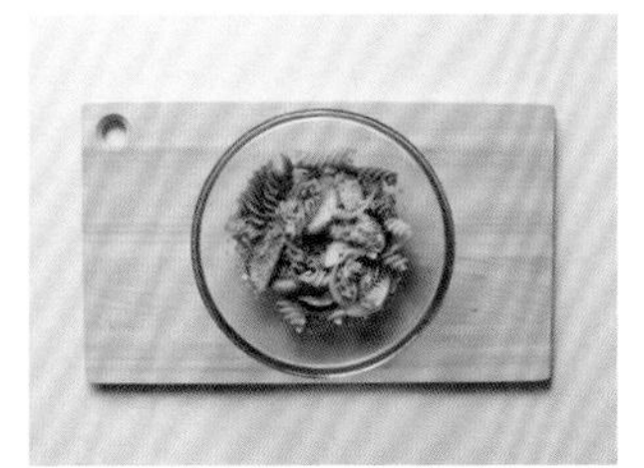

· 蔬菜事先腌制一下会更美味。
· 螺蛳粉用调味汁拌一下保存的话表面会形成一层膜，因此不易膨胀。

西葫芦糯米稀饭

后期辅食

糯米由于有黏性，因此饱腹感会比其他食物持续的时间长。稀饭的稠度可以根据宝宝的喜好来调制，只要是宝宝喜欢吃的就可以，大家可以根据宝宝的发育程度和口味来进行相应的调节。

制作方法

1.西葫芦与胡萝卜去皮后煮10分钟，然后切成0.4厘米大小。
2.香菇去根后切成0.4厘米大小。
3.将第1、2步的材料与适量的肉汤倒入小锅里大火煮。
4.待第3步的材料沸腾时转成小火，倒入糯米稀饭后再煮5分钟，同时搅拌。

＊材料
糯米稀饭50克
西葫芦20克
胡萝卜10克
香菇10克
肉汤（或水）100毫升

1

2

3

4

· 将香菇去掉的根部冷冻起来，做肉汤的时候可以取出使用。
· 要先将像胡萝卜、香菇这种不易熟的食材加入锅中煮，然后再加入易熟的食材。

南瓜坚果沙拉

后期瘦身餐

坚果类食品中富含不饱和脂肪酸、矿物质、维生素A、维生素B、维生素E，因此具有防止皮肤老化的作用。特别是其中的不饱和脂肪酸不仅能够保护皮肤，同时还能唤醒皮肤细胞。坚果类是30岁以后女性的必须食物。

制作方法

* 材料

南瓜1/4个，长叶莴苣2张
苣荬菜4张，苦苣1把
松子1大勺，腰果1大勺
蓝莓1大勺，树莓1大勺
盐、胡椒各少许
橄榄油少许

蓝莓酸奶调味汁材料

原味酸奶3大勺
腰果碎1/2大勺
花生碎1/2大勺
冷冻蓝莓1大勺
松子仁1大勺

1.南瓜去瓤后切成半月形。
2.将盐、胡椒、橄榄油撒到南瓜上，放到烤架上烤，烤好后切成适当大小。
3.长叶莴苣、苣荬菜、苦苣用冷水洗净后撕成适当大小，然后放到大漏勺上滤水。
4.将松子仁和腰果放到烧热的平底锅里炒至变颜色。
5.将准备好的蔬菜铺到碗里，上面在放上烤制好的南瓜、蓝莓、树莓以及坚果，然后混入调味汁搅拌。

1

2

3

4

5

· 如果在烤制南瓜的时候需要花费很长时间，那么可以将其煮熟冷冻后使用。
· 蓝莓、树莓等季节性较强的食材可以用其他食材来代替。

牛肉海带稀饭

后期辅食

进入辅食后期以后，对于较大块的食材，宝宝也能够自己将其嚼碎了吃。但是，像那些黏性较强、纤维质较多的食材最好还是事先切好再做。海带富含钙、铁、叶酸等营养成分，是一种有利于宝宝成长发育的食材。如果将其与牛肉一起做成辅食，宝宝们会非常喜欢吃。

制作方法

* 材料
稀饭50克
牛肉25克
海带10克
豆腐10克
肉汤（或水）100毫升

1.牛肉放到冷水中浸泡30分钟以去除血水。然后用沸水煮，煮熟后切成0.4厘米大小。
2.海带放到水里浸泡好之后切成0.4厘米大小。
3.豆腐稍微焯一下然后切成0.4厘米大小。
4.将稀饭和第1、2、3步的材料，以及适量的肉汤放到小锅里大火煮。
5.待第4步的材料开始沸腾时转成小火再煮3分钟，同时用木铲搅拌。

1

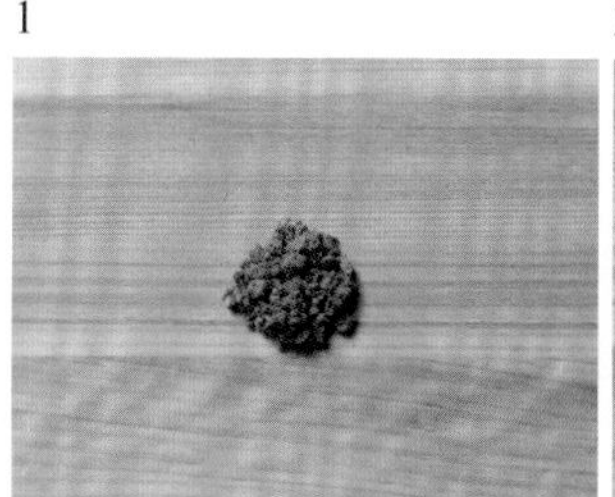

2

3

4、5

TIPS

· 煮牛肉时如出现沫子，需要将沫子撇出。
· 海带用水浸泡后会变得多很多，一定要掌握浸泡的量。

牛肉海带越南春卷

后期瘦身餐

海带是产后调理的必备食材，虽然干海带可以长时间保存，但还是最好尽快吃掉。我把海带制成了沙拉，吃过很多海鲜类的沙拉，但海藻类的沙拉还是比较少见的。由于海带可以促进我们体内重金属的排除，而且还能够净化血液，所以多吃一些还是有好处的。

制作方法

＊材料
牛肉150克
海带100克
红灯笼椒1/4个
苹果1/4个
梨1/4个
米纸8张
青阳辣椒鱼酱调味汁材料
切碎的羊角椒3大勺
鱼酱2大勺
柠檬汁3大勺

1.将米纸放到冷水中浸泡一下。
2.海带用水浸泡一下。
3.牛肉用沸水煮熟后切成6厘米长的条。
4.将红灯笼椒、苹果、梨也成6厘米长的条。
5.将米纸铺好，上面按照海带、牛肉、红灯笼椒、苹果、梨的顺序放好，然后卷成卷。
6.将调味汁材料混到一起制成调味汁。

1

2

3、4

5

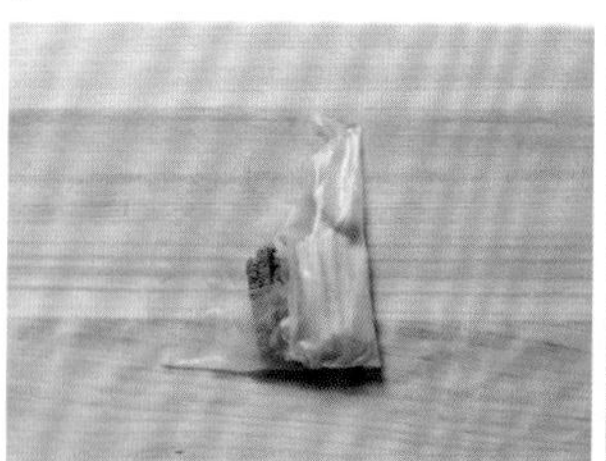

6

・也可以用其他海藻类代替海带。

豆腐金针菇稀饭

后期辅食

豆类虽然不利于消化，但是将其加工成豆腐之类的食品后反而会有利于消化和吸收。豆腐富含成长、发育以及新陈代谢所必需的氨基酸、脂肪酸、钙等营养食材，所以金针菇还可以提高免疫力。

制作方法

*材料
稀饭50克
豆腐20克
金针菇10克
乌塌菜10克
紫甘蓝5克
肉汤（或水）100毫升

1.豆腐用沸水焯30秒后碾碎。
2.金针菇用沸水焯30秒与乌塌菜、紫甘蓝一起切成0.4厘米大小。
3.将第1步的材料、第2步的金针菇和适量的肉汤放到小锅里大火煮。
4.待第3步的材料开始沸腾时转成小火，加入稀饭后再煮3分钟，同时用木铲搅拌。
5.将乌塌菜、紫甘蓝加入到第4步的材料里再煮5分钟，同时用木铲搅拌。

1

2

3

4

5

TIPS

· 易熟的食材最后放。
· 宝宝喜欢的食材可以切大点块，他们不喜欢的食材还是需要切成小块混入其中。

水果油菜沙拉

后期瘦身餐

柑橘系列的水果最大的特征就是富含维生素。其中的橙子、柠檬、葡萄柚由于富含维生素C，所以对皮肤很好，特别是具有一定的美白功效。其中的葡萄柚由于其自身的涩味和稍微的苦味导致很多人不太喜欢，但是它却具有分解脂肪的作用。用葡萄柚制作沙拉有利于减肥。

制作方法

* 材料
橙子1/2个，葡萄柚1/2个
柠檬1/2个，油菜50克
红灯笼椒20克，洋葱20克
意大利香肠2片
豆腐酱料
豆腐50克，罗勒叶5张
盐少许，胡椒少许
柑橘类调味汁材料
橙汁3大勺，葡萄柚汁3大勺
柠檬汁3大勺，橄榄油1大勺
盐少许，胡椒少许

1.橙子、葡萄柚和柠檬剥去皮，取出果肉。
2.油菜放到冷水中浸泡一下，然后放到大漏勺上滤水，然后撕成适当大小。
3.红灯笼椒和洋葱切成0.3厘米厚度的薄片，洋葱用冷水浸泡一下去掉辣味，意大利香肠切成适当大小。
4.豆腐焯过滤除水分后放入切碎的罗勒叶和盐、胡椒，然后轻轻搅拌，制成豆腐酱。
5.将柑橘类水果调味汁的材料全部混合在一起。
6.将第1、2、3步的材料全部混合在一起，然后加入调味汁均匀搅拌，最后加入豆腐酱。

· 柑橘类水果挥发性好，所以香味很浓，适合制成清香剂。
· 柑橘类的皮可以用来煮茶喝，也可以用风干的皮与其他香草类一起泡成茶水饮用。

油菜玉米稀饭

后期辅食

在做辅食的过程中，随着多种食材的一起加入使得辅食的色彩更丰富，我们的宝宝也能够品尝到各色美食了。也许是因为绿色和黄色是非常和谐的搭配，所以油菜玉米稀饭也成了宝宝最喜欢的食物之一。

制作方法

＊材料
稀饭50克
油菜20克
玉米15克
豌豆10克
松茸5克
肉汤（或水）100毫升

1.玉米煮熟后取适量的玉米粒用臼捣碎。
2.将豌豆浸泡一天左右的时间，去皮后用臼捣碎。
3.油菜和松茸焯过后切成0.4厘米大小。
4.将第1、2步的材料和第3步的松茸与适量的肉汤放入小锅里大火煮。
5.待第4步的材料开始沸腾时转成小火，放入稀饭后再煮3分钟，同时用木铲搅拌。
6.将油菜放入第5步的材料中再煮5分钟，同时用木铲搅拌。

1

2

3

4

5

6

· 玉米罐头和豌豆罐头的糖度较高，所以最好不使用。
· 由于使用的是稀饭而不是粥，所以加入水的量要根据饭的状态而定，如果水过多会使稀饭变成粥。

金枪鱼玉米沙拉

金枪鱼罐头是减肥过程中经常会出现在食谱中的一种食材。它的油脂较多，作为减肥食品来说热量有些高，但是由于它属于高蛋白食物，所以能给人极大的饱腹感，与鸡胸肉相比，其蛋白质含量更高，所以适合通过运动来瘦身这种减肥方法。

制作方法

* 材料

金枪鱼100克，玉米4克

酸黄瓜30克，胡萝卜30克

芹菜30克，洋葱30克

家制蛋黄酱3大勺

盐少许，胡椒少许

家制蛋黄酱调味汁材料

橄榄油1/3杯，柠檬汁3大勺

白葡萄酒醋1大勺

蛋黄2个

第戎芥酱1/4小勺

盐少许，胡椒少许

1.金枪鱼焯一下，玉米煮熟后放到大漏勺上滤水。

2.酸黄瓜、胡萝卜、芹菜、洋葱切成0.3厘米的厚度。

3.胡萝卜、芹菜、洋葱中放入盐稍微腌制一下。

4.用纱布将酸黄瓜、胡萝卜、芹菜和洋葱包起来挤出水分。

5.将除橄榄油之外的制作蛋黄酱材料放到搅拌机里搅拌，然后再一点一点地加入橄榄油均匀搅拌。

6.将金枪鱼、玉米、家制蛋黄酱放到第5步的材料中均匀搅拌后盛入碗中。

1

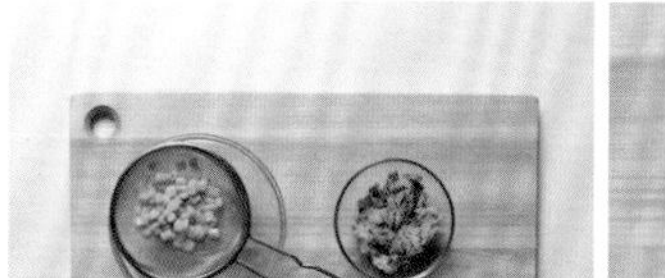

2

3

4

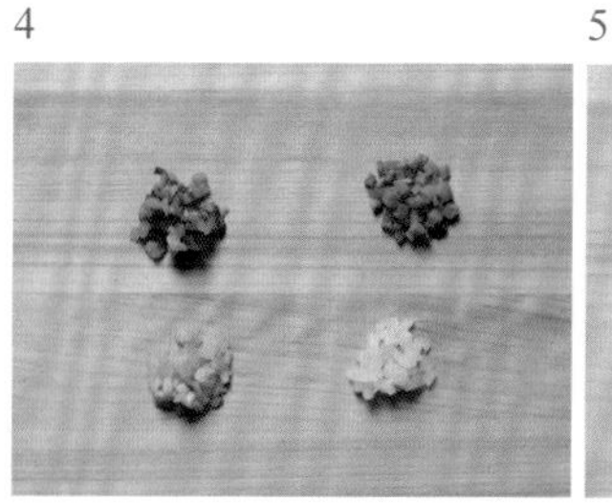

5

6

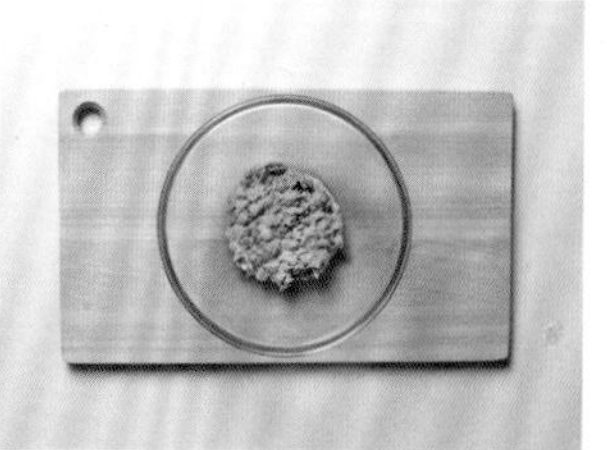

· 金枪鱼撕成小块才更便于凉拌。

· 家制蛋黄酱需要在一周内食用完。

白苏虾肉稀饭

后期辅食

当宝宝不舒服的时候会出现不喜欢吃辅食，而想喝牛奶的情况。此时最好给他们做一些能够引起他们食欲的特别辅食。与其将香油或白苏油直接放到食物中，不如将芝麻或白苏碾碎使用，这样香味更浓，宝宝也会更喜欢吃。

制作方法

1.虾除去头、壳、虾线剪掉虾须切成0.4厘米大小。
2.洋葱和茄子切成0.4厘米大小。
3.将第1、2步的材料与适量肉汤放入小锅里小火煮3分钟，同时用木铲搅拌。
4.将稀饭与白苏粉放入到第3步的材料里大火煮5分钟，同时用木铲搅拌。

* 材料
稀饭50克
虾1只
洋葱15克
茄子15克
白苏粉10克
肉汤（或水）100毫升

1

2

3

4

・宝宝如果适应了芝麻的醇香就会喜欢带有油脂的食物，所以不要经常喂食。
・也有不喜欢白苏味道的宝宝，刚开始的时候少放一下，观察宝宝的反应。
・由于可能引起过敏，所以虾肉和芝麻最好是宝宝周岁以后再喂食。

白苏虾肉沙拉

后期瘦身餐

白苏中含有维生素E和维生素F，具有美容的效果。特别是产后头发会变得疏松，此时食用白苏会有助于恢复发质光泽。白苏的美容效果非常好，所以说一定要喝白苏茶。

制作方法

＊材料

虾4只，香菇2个
洋葱1/2个，洋莴苣5片
长叶莴苣2片，橄榄油3大勺
盐少许，胡椒少许
白苏调味汁材料
白苏3大勺，酱油1大勺
柠檬汁2大勺
切碎的柠檬皮2小勺
盐少许，胡椒少许

1.香菇去根后切成条，洋葱切成较大的块儿。
2.洋莴苣和长叶莴苣撕成适当大小用冷水浸泡后滤水。
3.将橄榄油均匀涂抹到烧热的平底锅中，将洋葱放入锅内翻炒，然后再放入香菇一起炒，期间加入胡椒调味。
4.将虾去除虾线后稍微焯一下，然后与第3步的洋葱和香菇一起炒，最后盛到盘子中与调味汁一起凉拌。

1

2

3

4

・白苏事先磨好保存的话会导致香味的散失，所以最好用的时候再磨。
・将香菇根晒干后制成粉末可以当调料使用。

牛肉绿豆芽稀饭

后期辅食

绿豆芽的纤维素含量高，而且还含有参与脂肪代谢的维生素B_2。当宝宝热衷于其他事情的时候，或者是他们不想吃辅食却硬要他们吃的话会让宝宝失去吃东西的欲望。所以我们一定要有耐心，等到宝宝自己饿肚子要东西吃的时候在给他吃。

制作方法

* 材料
稀饭50克
牛肉25克
绿豆芽10克
萝卜10克
洋葱5克
肉汤（或水）100毫升

1.牛肉用冷水浸泡30分钟左右去除血水，然后用沸水煮熟后切成0.4厘米大小。
2.将绿豆芽、萝卜、洋葱切成0.4厘米大小。
3.将第1、2步的材料和适量的肉汤倒入小锅里大火煮3分钟。
4.将稀饭加入到第3步的材料后大火再煮3分钟，同时用木铲搅拌。

1

2

3

4

TIPS

· 牛里脊部分最适合做辅食。
· 也可以用豆芽代替绿豆芽。

牛肉番茄沙拉

后期瘦身餐

在摄取肉类食物的时候如果与番茄一起食用可以中和肉里的酸性，有助于消化。因此，在吃肉类的时候放一些熟透的番茄是非常好的饮食习惯。此外，番茄中含有的果胶成分可以起到减少胆固醇在体内沉积的作用。

制作方法

＊材料
牛肉150克
小番茄8个
菠菜40克
西葫芦70克
紫洋葱1/4个
橄榄油少许
盐少许，胡椒少许
红葡萄酒调味汁材料
酱油2大勺
香油1大勺
切碎的洋葱2大勺
切碎的大葱1大勺
蒜泥1大勺
红葡萄酒1大勺
芥末1小勺

1.牛肉切成2厘米大小。
2.小番茄去掉顶花后两等分。
3.菠菜用冷水洗净后去除茎部。
4.紫洋葱切成0.3厘米厚度的条、西葫芦切成0.3厘米厚度的月牙状。
5.平底锅上抹上橄榄油，将洋葱与西葫芦先炒一下，然后加入牛肉和少许盐、胡椒一起炒。
6.牛肉半熟时加入红葡萄酒调味汁材料和小番茄、菠菜后炒至熟透。

1

2

3

4

5

6

· 小番茄比大番茄要更甜一些，所以如果喜欢甜一点的话可以选用小番茄。
· 用火烤一下番茄会更容易去皮。

地瓜稀饭

后期辅食

地瓜的抗癌效果非常好，其中富含维生素C。而且，当其成熟以后与其他蔬菜相比营养成分的破坏概率也小。由于其纤维质、碳水化合物、钙、盐、矿物质、维生素含量丰富，不仅对宝宝，对成年人来说也是非常好的食物。

制作方法

* 材料

稀饭50克

地瓜15克

卷心菜10克

甜菜10克

紫菜少许

肉汤（或水）1/2杯

1.地瓜蒸熟去皮后切成0.4厘米大小。

2.将处理好的卷心菜和去皮后的甜菜切成0.4厘米大小。

3.将第1、2步的材料放入小锅里大火煮5分钟，同时用木铲搅拌。

4.将第3步的材料转成小火再煮1分钟。

5.最后撒下紫菜。

1

2

3、4

5

TIPS

・卷心菜需要将芯儿去除使用。

・紫菜稍微烤制一下后更容易碾碎。

地瓜意大利乡村软奶酪沙拉

后期瘦身餐

奶酪是最具代表性的蛋白质食品，与其他食物相比其热量和碳水化合物的含量要低一些，而蛋白质含量却较高。像意大利乡村奶酪这种能够在家里轻松制作的奶酪不仅新鲜，而且味道也清淡，所以非常适合减肥期间的人们来食用。

制作方法

* 材料
  地瓜2个
  蓝莓1/2杯
  开心果1大勺
  蜂蜜1/2小勺
  意大利乡村奶酪材料
  牛奶200毫升
  生奶油100毫升
  酸奶40毫升
  柠檬汁1大勺
  醋1/4小勺
  盐少许

1. 地瓜去皮后切成条状，用沸水煮熟后放到大漏勺上碾碎。
2. 蓝莓用水浸泡后滤水，开心果去皮捣碎。
3. 将第1步的地瓜与第2步的蓝莓、开心果以及蜂蜜一起放入大碗中均匀搅拌。
4. 将25克意大利乡村奶酪加入到第3步的材料里搅拌后盛入碗中，撒上捣碎的开心果和剩下的意大利乡村奶酪。

1

2

3

4

1. 将适量的牛奶、生奶油、酸奶放入小锅里中火煮。
2. 待牛奶起沫时加入盐和醋，20分钟左右后会凝固，然后用纱布过滤。

牛肉松茸稀饭

后期辅食

松茸是菌类中蛋白质含量最高的，它热量低，富含纤维素和水分，可以让人产生饱腹感。由于其内含有有助于消化的胰蛋白酶、淀粉酶、蛋白酶等成分，能预防消化功能障碍。宝宝开始的时候吃得还很来劲，当他们放下勺子转过头来的时候说明他们已经不想吃了，此时最好不要强迫他们继续吃。

制作方法

1.牛肉冷水浸泡30分钟去除血水，然后沸水煮熟后切成0.4厘米大小。
2.松茸去根去皮后切成0.4厘米大小。
3.将第1、2步的材料与适量的肉汤倒入小锅里大火煮5分钟，同时用木铲搅拌。
4.转成小火后放入稀饭和蛋黄，再煮2分钟，同时用木铲搅拌。

* 材料
稀饭50克
牛肉15克
松茸10克
蛋黄1个
肉汤（或水）100毫升

1

2

3

4

· 菌类和洋葱可以用其他品种代替。

牛肉杏肉冷盘

后期瘦身餐

杏热量低，番茄红素含量高，因此具有美容的效果。由于可以让皮肤更加洁净有光泽，所以是非常受女性欢迎的一种水果，但由于其维生素C含量低，所以最好与富含维生素C的橙子或柠檬等一起食用。

制作方法

1.将杏两等分，加入红葡萄酒腌制一下后倒入剩余的调味汁材料一起煮。

2.将紫洋葱切成条状。

3.将长叶莴苣撕成适当大小，用清水冲净后放到大漏勺上滤水。

4.杏两等分后加入盐、胡椒腌制，然后放到抹了少许橄榄油的平底锅里烤。

5.牛肉切成1厘米大小后加入干迷迭香、盐、胡椒腌制后烤制一下。

6.将第2步的洋葱、第3步的长叶莴苣、第5步的牛肉盛放到盘子里，然后倒入第1步的调味汁进行凉拌。

* 材料

牛肉100克
杏2个
长叶莴苣4片
紫洋葱1/4个
橄榄油1大勺
干迷迭香少许
盐少许
胡椒少许

杏肉红葡萄酒调味汁材料

杏1个
红葡萄酒1杯
芥末1小勺
柠檬汁2大勺
橄榄油1大勺
盐少许
胡椒少许

- 也可以用桃来代替杏。
- 腌制牛肉的时候使用的香草也可以用其他品种来代替。
- 杏容易变软，因此需冷藏保存。

鳕鱼肉萝卜稀饭

后期辅食

萝卜具有促消化解毒的功效。萝卜中含有的淀粉分解酶可以促进消化吸收。而且还含有植物性纤维素，所以能够起到清除内脏废物的作用。海鲜类的食物最好在宝宝周岁前后的时候根据宝宝的具体反应进行添加。

制作方法

* 材料
稀饭50克
鳕鱼肉20克
萝卜15克
洋葱10克
胡萝卜5克
黑芝麻少许
肉汤（或水）100毫升

1.鳕鱼肉沸水焯5分钟然后切成0.4厘米大小。
2.萝卜、洋葱、胡萝卜切成0.4厘米大小。
3.黑芝麻捣碎。
4.将第1、2步的材料与适量的肉汤倒入小锅里大火煮3分钟，同时用木铲搅拌。
5.将稀饭放入第4步的材料里转成小火再煮5分钟，同时用木铲搅拌，然后加入黑芝麻。

1

2

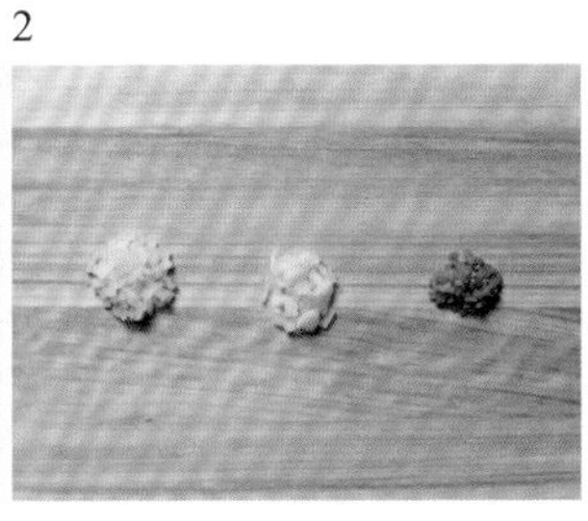

3

4

5

· 鳕鱼肉事先切碎放到冰盒中冷冻使用会更加方便。
· 要有专门用来处理海鲜的工具。

海鲜球配蔬菜条

后期瘦身餐

白肉海鲜比红肉海鲜的脂肪含量低，因此能够散发出清淡的味道，适合减肥。减肥的时候由于脂肪的摄入量减少，所以有时候会想念油炸食品，此时，可以用明太鱼炸成丸子来食用。

制作方法

＊材料

明太鱼3块，土豆1个

洋葱1/4个，芹菜3根

胡萝卜1/2根，黄瓜1/2根

鸡蛋1个，淀粉1/3杯

面包糠2/3杯，橄榄油少许

盐少许，胡椒少许

酸奶调味汁材料

原味酸奶5大勺

蜂蜜2大勺

盐少许

胡椒少许

1.土豆去皮煮熟后碾碎。

2.洋葱切碎后与明太鱼一起放入搅拌机搅拌，然后再混入碾碎的土豆和少许盐、胡椒。

3.将第2步的材料揉成小团。

4.将面团蘸上淀粉、蛋清、面包糠炸。

5.将洗净的洋葱、芹菜、胡萝卜、黄瓜切成条。

6.将第4、5步的材料放在一起搭配酸奶调味汁使用。

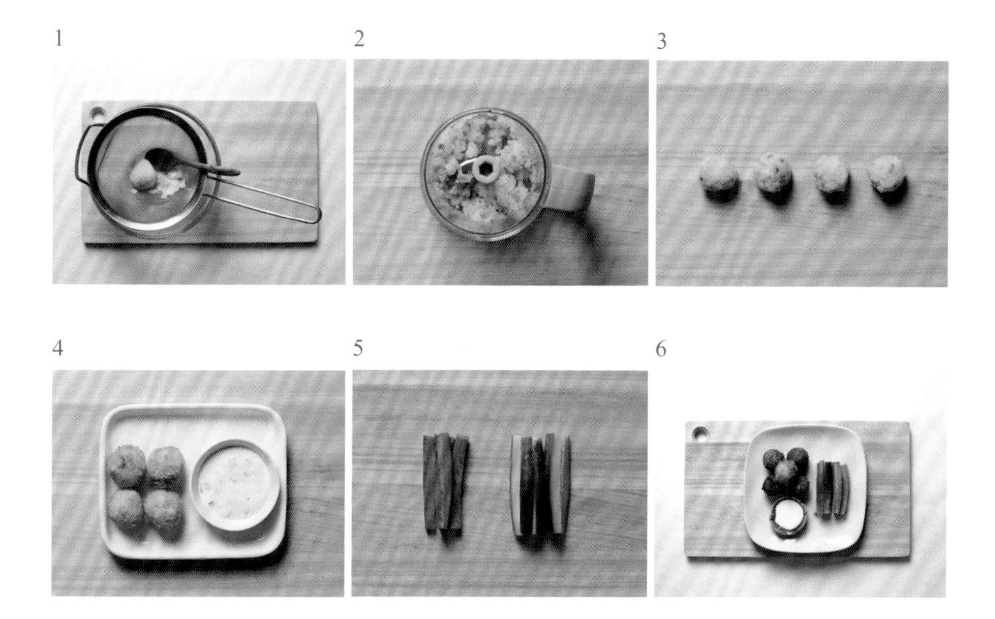

・一定要确认好明太鱼肉是否有刺，去除鱼刺的时候可以使用镊子。

・海鲜球的食材可以用面粉、淀粉或用土豆来调节。

芸豆莲藕稀饭

后期辅食

芸豆的香味不浓，味道与栗子相似。煮熟之后碾碎了吃也是非常美味的。其内富含维生素B_1、维生素B_2、烟酸。和爸爸妈妈一起吃更开心，虽然有点麻烦，但最好定好固定的时间，每天都在差不多的时间段内同宝宝一起吃饭。

制作方法

1.芸豆浸泡1天左右，煮10分钟然后用臼碾碎。

2.莲藕去皮后切成0.4厘米大小，然后放到加了油和醋的水中以防止褐变。

3.金针菇、松茸、洋葱处理好后切成0.4厘米大小。

4.将第1、2、3步的材料与适量的肉汤倒入小锅里大火煮3分钟，同时用木铲搅拌。

5.将稀饭加入到第4步的材料后转成小火再煮5分钟，同时用木铲搅拌。

* 材料

稀饭50克
芸豆20克
莲藕15克
金针菇10克
松茸10克
洋葱10克
肉汤（或水）100毫升

1

2

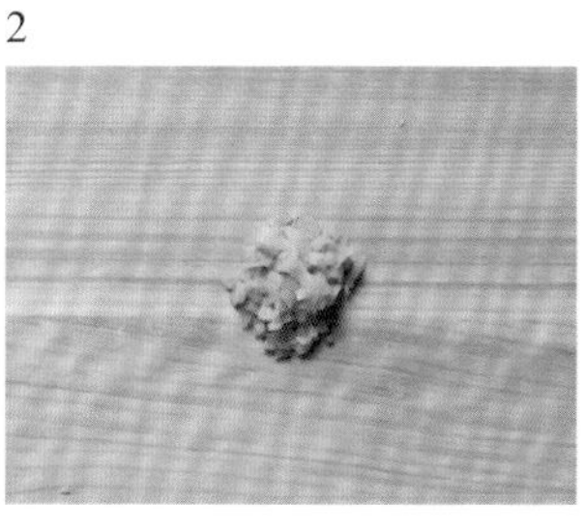

3

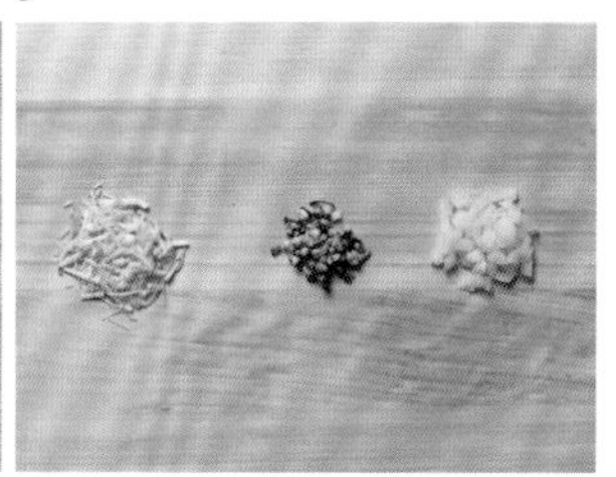

4

5

・芸豆味道清淡、颗粒较大，非常适合烹饪。而且，其营养丰富，还便于保存。

炸莲藕沙拉

后期瘦身餐

莲藕富含维生素，而且铁含量也高，所以是非常有利于女性的食材。一般都用莲藕炖着吃，但其实将其炸了之后当成间食也是非常不错的选择。虽然有用油炸的方法，但实际上也可以将其放到烤箱中烘烤成干，这样就可以制成清淡的减肥专用食品。

制作方法

1.猕猴桃切碎后做成调味汁。

2.莲藕去皮后用冷水浸泡去除淀粉用烤箱烘干后炸一下。

3.洋莴苣和长叶莴苣撕成适当大小后放到冷水中浸泡，然后捞出放到盘子中。

4.将第2步的炸莲藕放到第3步的盘子上方，然后在混入第1步的猕猴桃调味汁。

* 材料

莲藕1个
洋莴苣5片
长叶莴苣2片
猕猴桃调味汁材料
猕猴桃1个
原味酸奶1/2杯
蜂蜜1大勺

1

2

3

4

TIPS

・莲藕烘干后炸制会保持其松脆的口感。
・炸莲藕的时候可以蘸一点淀粉或蛋清。

大米鸡肉苹果盖饭

后期辅食

苹果是宝宝非常熟悉的食材。由于是从一开始接触辅食的时候就使用的食材，所以他们是不会拒绝的。在制作像盖饭一样的辅食时，将苹果切碎或搅碎放入食材中会散发出宝宝非常熟悉的味道，所以他们都会非常喜欢吃，因此在制作辅食的时候可以混入一些。

制作方法

1.鸡胸肉、苹果、洋葱、胡萝卜、西葫芦切成0.4厘米大小。

2.将少许橄榄油涂抹在烧热的平底锅中，然后放入鸡肉翻炒，之后再将第1步的洋葱、胡萝卜、西葫芦加入一起炒。

3.将适量的水加入到第2步的材料里，待开始沸腾时放入苹果煮3分钟，同时用木铲搅拌。

4.将淀粉放入第3步的材料中煮至黏稠，关火后浇盖到米饭上。

* 材料

大米稀饭70克
鸡胸肉30克
苹果20克
洋葱20克
胡萝卜15克
西葫芦10克
橄榄油少许
淀粉混合物1/2大勺
肉汤（或水）100毫升

1

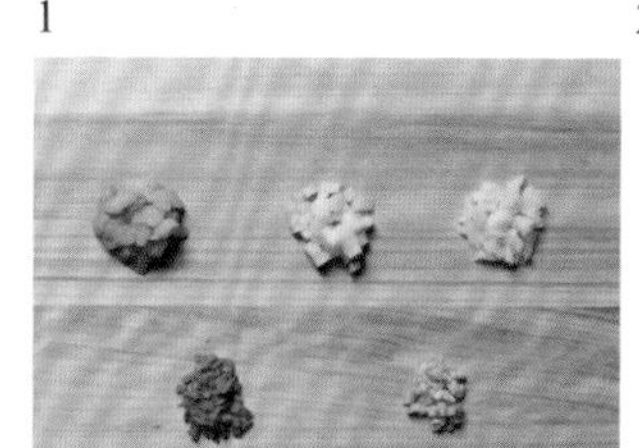

2

3

4

・淀粉混合物中淀粉和水的比例为1:1。
・加入淀粉混合物后如果长时间煮的话会成坨，所以待煮到一定浓度的时候即可关火。

苹果藜麦沙拉

后期瘦身餐

这是一款被称为超级食物的藜麦和苹果制成的沙拉。藜麦是随着对减肥和排毒的热衷而新登场的食材。藜麦的蛋白质含量与牛奶差不多。通常我们会用藜麦来制成饭食用，但其实将其烘烤后使用的话就像是大米饼一样的感觉。

制作方法

＊材料
藜麦2大勺，麦片5杯
杏1个，切糕30克
苹果1个，山药30克
红豆地瓜调味汁材料
刨冰用红豆4大勺
碾碎的地瓜2大勺
牛奶4大勺
蜂蜜2大勺
盐少许

1.杏、山药、苹果洗净后带皮切成2厘米大小。
2.切糕切成2厘米大小。
3.调味汁材料放入搅拌机搅拌。
4.将第3步的调味汁加入到第1步的杏、山药、苹果和第2步的切糕中，然后再撒上藜麦和麦片。

1 2 3

4

TIPS

・藜麦和麦片可以用燕麦来代替。
・也可用其他糕类代替切糕。
・如果不够甜的话可以多加一些调味汁。

牛肉茄子盖饭

后期辅食

这一阶段可以给宝宝喂食一些彩色食物了。茄子就是最具代表性的紫色食材。彩色食物中所含有的植物化学成分具有抗癌和抗酸化的效果，因此对于宝宝来说是非常好的食材。在制作彩色食物的时候最好选用颜色鲜明的食材。

制作方法

* 材料

稀饭70克

牛肉30克

茄子20克

洋葱20克

卷心菜15克

金针菇15克

蛋黄1个

橄榄油少许

淀粉混合物1/2大勺

肉汤（或水）100毫升

1.牛肉、洋葱、卷心菜、茄子、金针菇切成0.4厘米大小。

2.将少许橄榄油涂抹在烧热的平底锅中，然后放入牛肉翻炒，之后再将第1步的洋葱、卷心菜、茄子和金针菇加入一起炒。

3.把适量的肉汤加入到第2步的材料里煮3分钟后加入一个蛋黄。

4.将淀粉放入第3步的材料中煮至黏稠，关火后浇盖到米饭上。

1

2

3

4

・茄子冷藏保存过久会失去水分，影响味道，所以要尽快食用。

・蛋黄用平底锅的余热就能使其熟透。

茄子魔芋沙拉

后期瘦身餐

较为常见的魔芋是长得像凉粉一样的花瓣形魔芋，但如果使用线形魔芋的话能够让人产生像吃面条一样的感觉。魔芋的热量低，而且能够给人饱腹感，因此是较有名气的减肥食品。然而魔芋是没有味道和香气的，所以它可以与任何的食材搭配使用。如果有喜欢的调味汁，可以加入魔芋中一起食用。

制作方法

* 材料

茄子1/2个

线形魔芋200克

嫩叶菜80克

橄榄油少许

盐少许，胡椒少许

芹菜蛋黄酱调味汁材料

蛋黄酱3大勺，番茄酱1大勺

柠檬汁1大勺，切碎的洋葱1大勺

切碎的酸黄瓜1/2大勺

切碎的芹菜2大勺

碾碎的鸡蛋1个

切碎的荷兰芹1小勺

盐少许，胡椒少许

1.茄子切成1.5厘米大小后放到平底锅里炒。

2.嫩叶菜用凉水洗净后放到大漏勺上滤水。

3.将线形魔芋用水焯一下后滤水。

4.将第2步的嫩叶菜盛到碗中，然后加入第1步的茄子和第3步的魔芋，在拌上调味汁。

1

2

3

4

· 可以用海藻面代替魔芋。

· 可以用最近出现的小黄瓜来代替茄子。

鳕鱼甜南瓜意大利炖饭

后期辅食

有人会问在制作意大利炖饭的时候是否可以用生牛奶来代替母乳或奶粉，答案是最好先别使用生牛奶。在宝宝满周岁以后在使用生牛奶。生牛奶铁含量低，而且还会防止铁的吸收，所以最好是在合适的时候才使用。

制作方法

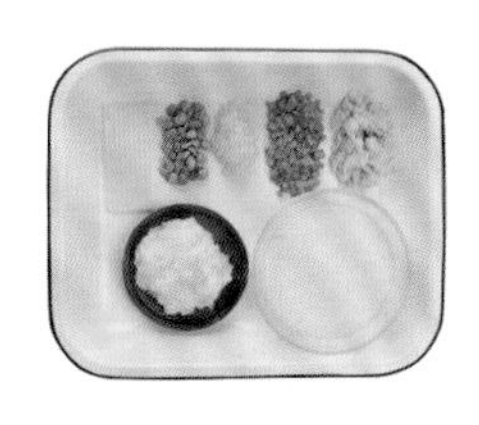

1.鳕鱼肉煮熟后切碎。
2.甜南瓜和洋葱切成0.4厘米大小。
3.豌豆煮10分钟后用臼捣碎。
4.将稀饭和第1、2、3步的材料和适量的母乳倒入到小锅里煮7分钟。
5.将奶酪片加入的到第4步的材料里，待奶酪完全融化后关火。

＊材料
稀饭50克
鳕鱼肉30克
甜南瓜30克
洋葱15克
豌豆10克
奶酪片1/2张
母乳（或奶粉）140毫升

1

2

3

4

5

・也可以使用鳕鱼肉以外的白肉海鲜。

牛油果甜南瓜沙拉

后期瘦身餐

大家在墨西哥餐厅或家庭餐馆尝试过被称为牛油果酱的沙司吗？这个沙司就是用牛油果制成的。由于牛油果拥有像海鲜般的独特味道，所以常被用来制作卷状食物。单独食用会有些腻，因此最好与番茄或洋葱这类清爽的食材一起食用。

制作方法

* 材料
甜南瓜1/4个
牛油果1个
番茄1个
洋葱1/4个
辣椒酱调味汁材料
捣碎的西红柿5大勺
切碎的洋葱3大勺
切碎的羊角椒1大勺
橄榄油2大勺
柠檬汁1大勺
醋1大勺
辣椒酱1大勺
有机蔗糖1大勺
盐少许
胡椒少许

1.甜南瓜蒸熟后去皮切成适当大小。
2.牛油果、番茄、洋葱切成2厘米大小。
3.将调味汁材料混合在一起制成调味汁后倒入第2步的牛油果、番茄和洋葱中。

1

2

3

TIPS

· 将柠檬汁或酸橙汁加入牛油果可以防止褐变。
· 在取牛油果果肉的时候使用杯子或大勺子会更加方便。

牛肉菌类炖饭

后期辅食

菌类中含有的植物纤维有助于肠胃蠕动，对便秘有很好的效果。特别是菌类中还含有能够促进复合维生素B和钙吸收的成分。宝宝最开始接触餐具的多样形状与质感可以提高他们的创意能力，所以请使用多种餐具。

制作方法

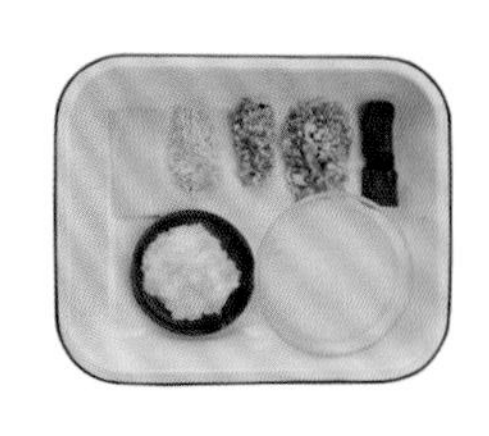

1.牛肉、平菇、松茸、金针菇切成0.4厘米大小。
2.将稀饭、第1步的材料以及适量的母乳倒入小锅里煮7分钟。
3.将奶酪片放到第2步的材料中，待奶酪片完全融化后关火。

＊材料
稀饭70克
牛肉30克
平菇30克
松茸15克
金针菇10克
奶酪片1/2张
母乳（或奶粉）140毫升

1

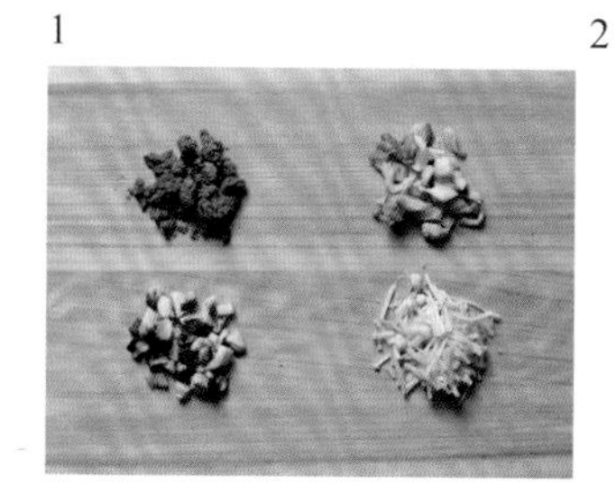

2

3

・奶酪应选用含盐量低的儿童奶酪。
・菌类由于含有特有的香味，因此在制作辅食的时候可以当做调料来使用。

八爪鱼沙拉

后期瘦身餐

八爪鱼热量低且基本不含脂肪，而且还含有牛磺酸成分。牛磺酸成分作为补品的成分具有抗酸化的功能，可以延缓老化。此外，它还能够促进蛋白质的合成，对于肌肉的恢复有很好的效果。在抚养宝宝的过程中，当肌肉痉挛时可以吃些八爪鱼来缓解，同时还能起到减肥的效果。

制作方法

1.将调味汁材料混合在一起发酵30分钟。

2.用热盐水焯一下八爪鱼，然后浸泡在冷水中冷却。

3.将迷迭香、橄榄油、盐、胡椒加入到八爪鱼中腌制。

4.西瓜、黄瓜、甜瓜切成2厘米大小，芹菜切成4厘米长。

5.将第4步的西瓜、黄瓜、甜瓜、芹菜与八爪鱼一起放到大碗中，然后加入调味汁。

＊材料

八爪鱼150克，西瓜30克
黄瓜30克，甜瓜30克
芹菜20克，橄榄油少许
盐少许，胡椒少许

腌制材料

迷迭香5克，橄榄油1/2杯
盐少许，胡椒少许

芥菜调味汁材料

橄榄油3大勺
白葡萄酒醋3大勺
芥菜1/2小勺
盐少许，胡椒少许

1

2

3

4

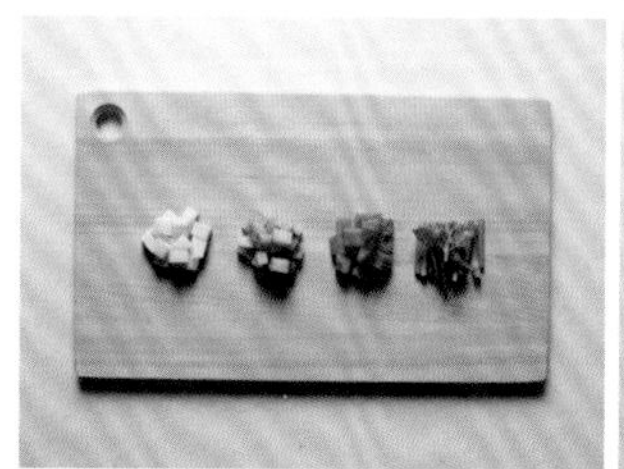

5

・可以用章鱼代替八爪鱼。
・八爪鱼稍微熟一点就可食用，这样味道更佳。
・八爪鱼熟后，用镊子修整下外形会更加美观。

后期间食
羊羹&丸子

• 地瓜羊羹

* 材料

地瓜200克，琼脂10克，牛奶120毫升

* 制作方法

1.地瓜煮熟后碾碎。
2.将琼脂与牛奶倒入小锅煮至琼脂完全溶解。
3.将地瓜混入第2步的材料中。
4.待第3步的材料冷却后放到模具中冷冻3小时，使其凝固。

•• 甜南瓜羊羹

* 材料

甜南瓜200克，琼脂10克，牛奶120毫升

* 制作方法

1.甜南瓜煮熟后碾碎。
2.将琼脂与牛奶倒入小锅煮至琼脂完全溶解。
3.将甜南瓜混入第2步的材料中。
4.待第3步的材料冷却后放到模具中冷冻3小时，使其凝固。

••• 煎肉饼

* 材料

牛肉60克，豆腐40克，香菇10克，平菇10克，茄子10克，胡萝卜10克，肉汤（或水）100毫升，橄榄油少许

* 制作方法

1.牛肉、香菇、平菇、茄子、胡萝卜剁碎。
2.豆腐碾碎。
3.牛肉、香菇、平菇、茄子、胡萝卜、豆腐混合在一起糅合。
4.将第3步的材料揉成5厘米大小的圆形。
5.将第4步的材料放到抹有少许橄榄油的平底锅中烤制，然后倒入适量的肉汤后盖上盖子直至熟透。

•••• 鸡肉丸子

* 材料

鸡肉60克，胡萝卜10克，洋葱10克，西蓝花10克，淀粉少许

* 制作方法

1.鸡肉、胡萝卜、洋葱、西蓝花切碎。
2.在鸡肉、胡萝卜、洋葱、西蓝花中加入少许淀粉糅合。
3.将第2步的材料揉成圆球后蒸15分钟。

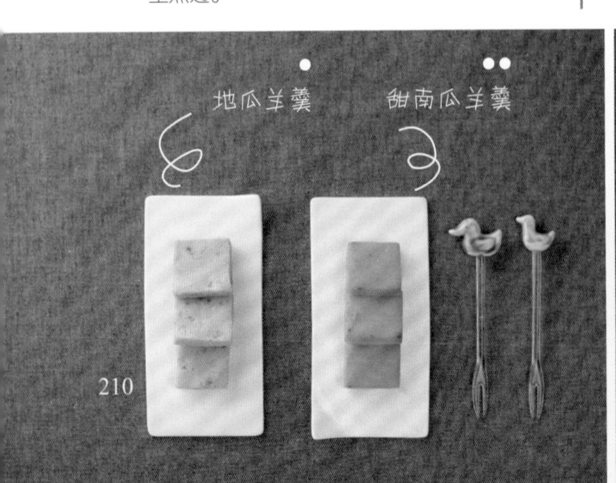

后期间食

酸奶&糊糊

• 甜南瓜梨酸奶

* 材料

原味酸奶100毫升，甜南瓜20克，梨20克

* 制作方法

1.甜南瓜煮10分钟后碾碎。

2.梨焯2分钟后放到大漏勺中碾碎。

3.将第1步的甜南瓜和第2步的梨混合后与酸奶盛放到一起。

•• 李子胡萝卜酸奶

* 材料

原味酸奶100毫升，李子20克，胡萝卜20克

* 制作方法

1.李子焯2分钟后放到大漏勺上碾碎。

2.胡萝卜煮10分钟后碾碎。

3.将第1步的李子和第2步的胡萝卜混合在一起与酸奶盛放到一起。

••• 甜瓜糊糊

* 材料

甜瓜50克，糯米粉30克，水2大勺

* 制作方法

1.甜瓜切成0.5厘米大小。

2.将糯米粉和水混入切好的甜瓜中。

3.将第2步的材料蒸20分钟。

•••• 香蕉西瓜糊糊

* 材料

香蕉30克，西瓜20克，糯米粉30克，水2大勺

* 制作方法

1.香蕉与西瓜切成0.5厘米大小。

2.将糯米粉和水混入第1步切好的香蕉和西瓜中。

3.将第2步的材料蒸20分钟。

PART 4

宝宝结束期辅食&
妈妈结束期瘦身餐

奶酪小银鱼稀饭

结束期辅食

此时的宝宝可以食用相比以前较硬的辅食，但却是完整的米饭了。而且也可以吃加有调料的食物了。海里获得的食材已经是含有一定盐分的状态了，所以最好还是从拥有天然盐分的食物开始练习。但需要注意的是，如果让宝宝过早接触口味较重的食物会让他们拒绝食用没有咸味的食物，因此要一点一点地加入到他们的饮食中。

制作方法

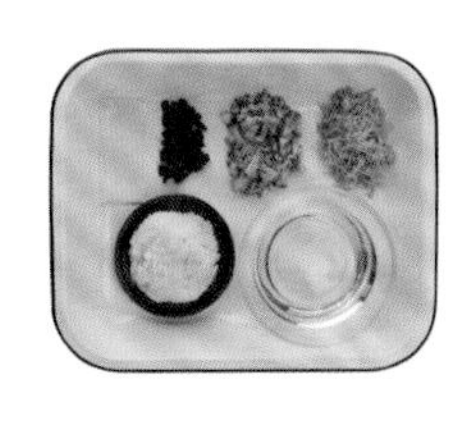

1.将小银鱼放到水中浸泡20分钟去除咸味和脏物，然后用纱布去除水分。
2.将小银鱼、西蓝花、红灯笼椒切成0.5厘米大小。
3.将第2步的材料放入到平底锅里，一点一点加入肉汤后大火煮5分钟。
4.将稀饭加入到第3步的材料后转成小火煮3分钟，同时用木铲搅拌，然后放上奶酪。

＊材料
稀饭90克
小银鱼20克
西蓝花20克
红灯笼椒15克
奶酪1/2张
肉汤（或水）100毫升

1

2

3

4

・银鱼本身就含有盐分，因此制成辅食后会有咸味。
・奶酪用平底锅残留的热度融化即可。

营养韭菜沙拉

结束期瘦身餐

韭菜是非凉性食物。虽然都认为它是适合男人的食物，但其实它适合所有人群。韭菜有利于缓解疲劳，在当我们感觉到疲劳没有力气的时候可以食用。特别是与较油腻的食物或者肉类一起食用的话，还具有降低胆固醇的效果。

制作方法

* 材料

韭菜150克
苹果1/2个
梨1/2个
洋葱1/4个
辣椒面1/4小勺

白葡萄酒调味汁材料

柠檬汁3大勺
蜂蜜1大勺
酱油1大勺
橄榄油4大勺
白葡萄酒1小勺
盐少许
胡椒少许

1.韭菜放到冷水中浸泡后放到大漏勺上滤水，然后切成6厘米大小。
2.苹果和梨去皮后切成5厘米大小的条。
3.洋葱去皮后切成丝，然后放到凉水中浸泡后放到大漏勺上滤水。
4.将调味汁的所有材料混到大碗中。
5.将准备好的第1、2、3、4步的材料与辣椒面一起加入到大碗中均匀搅拌。

1

2

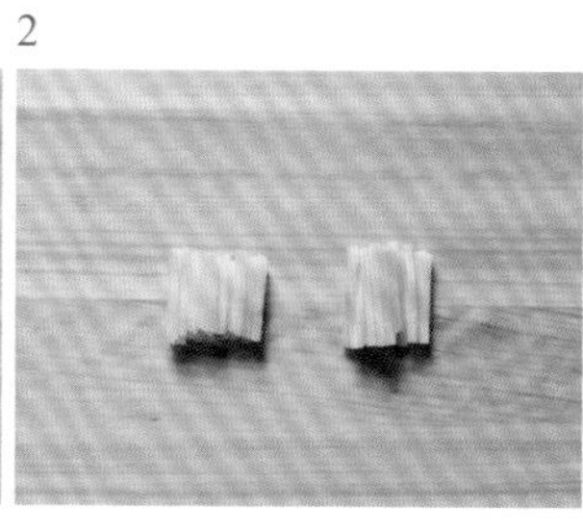

3

4

5

・如果不喜欢辣味可以不放辣椒面。
・还可以用辣椒面和酱油来腌制肉类。

软豆腐苹果稀饭

结束期辅食

在为宝宝制作间食的时候选用最多的水果是苹果和李子。要尽可能晚地让宝宝接触饼干类食物，所以尽量不要喂饼干。当你还为做间食剩下的苹果该怎么办而感到苦恼的时候，可以将其放到饭里制成稀饭来吃，也许是因为是熟悉的味道，所以宝宝还挺喜欢的。

制作方法

＊材料

稀饭90克

软豆腐25克

苹果25克

甜菜10克

葱5克

肉汤（或水）100毫升

1.将甜菜和葱切碎。

2.苹果去皮后用礤板擦。

3.将甜菜和适量的肉汤放入小锅里大火煮。

4.将稀饭和软豆腐加入到第3步的材料中，转为小火再煮5分钟，同时用木铲搅拌。

5.将切碎的葱和苹果加入到第4步的材料中再煮2分钟。

1

2

3

4

5

・甜菜具有非常好的排毒效果，所以可以根据宝宝的情况来适当添加。

・也可以用大豆腐来代替软豆腐。

金针菇饼

结束期瘦身餐

金针菇是平时制作酱汤或小菜时经常会选用的食材。金针菇由于富含氨基酸，所以对成长期的宝宝来说是非常好的食材。可以让宝宝观察妈妈吃金针菇时的样子，然后诱导他们也一起吃。

制作方法

* 材料
金针菇200克
香菇30克
红辣椒1/2个
青辣椒1/2个
洋葱1/8个
鸡蛋1个
面粉3～5大勺
盐少许
胡椒少许
橄榄油少许

1.去掉金针菇的根部后切成1厘米大小。
2.香菇、红辣椒、青辣椒、洋葱切碎。
3.将第1步的金针菇、第2步的香菇、红辣椒、青辣椒、洋葱放到大碗中，然后加入鸡蛋、面粉、盐、胡椒后糅合。
4.将少许橄榄油抹在烧热的平底锅中，然后将揉好的材料制成5厘米大小的饼进行煎制。

1

2

3

4

TIPS

- 在煎饼的时候最好用中火。
- 待表面成金黄色的时候说明已经煎熟。
- 如果面饼过厚会不容易煎熟。

菌类牛肉炒稀饭

结束期辅食

当选用多种材料的时候一定要保证所有的材料都充分熟透。虽然不需要像早期和中期那样焯过之后再使用，但一定要熟透之后再加入。如果宝宝吃了没有熟透的食物会有危险。而且，也不利用消化，容易让宝宝拒绝吃辅食。

制作方法

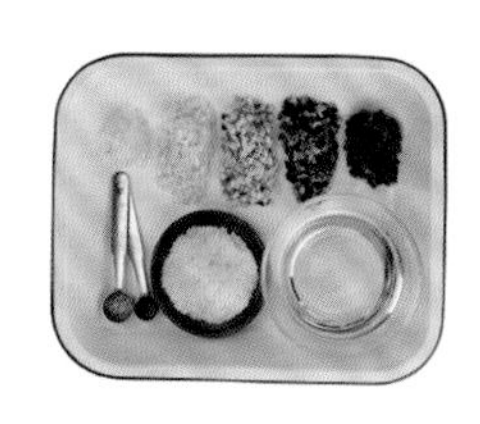

1.牛肉、松茸、香菇、金针菇、洋葱切成0.7厘米大小。

2.将酱油、芝麻盐加入到第1步的材料中均匀搅拌。

3.将第2步的材料倒入小锅里，然后一点一点加入肉汤，中火炒3分钟。

4.待牛肉熟透后加入米饭炒7分钟，一直到米粒裂开为止。

＊材料

稀饭90克

牛肉25克

松茸20克

香菇20克

金针菇20克

洋葱10克

酱油1/4小勺

芝麻盐1/3小勺

肉汤（或水）100毫升

1

2

3

4

TIPS

・如果目前为止还没有吃过太咸的食物，那么请减少酱油的量。

・牛臀肉没有油脂，比较清淡，非常适合为宝宝制作辅食。

茄子豆腐罐头

结束期瘦身餐

随着宝宝的成长，妈妈的压力指数似乎也越来越高。宝宝的活动能力越来越强，总是要跟在他们后面跑，真是身心疲惫。茄子富含维生素，而且对于缓解压力很有效，当感到有压力的时候可以用茄子做成小菜与宝宝一起食用。

制作方法

* 材料
  茄子1根
  豆腐200克
  洋葱1/4个
  盐少许
  肉汤（或水）100毫升（1/2杯）
  酱油调味料材料
  酱油1大勺
  切碎的洋葱1大勺
  蒜泥1/2大勺
  切碎的葱1/2大勺
  香油少许
  芝麻盐少许

1.将茄子从中间剖开后放到蒸锅中蒸，然后按照纹理撕成适当大小。

2.豆腐切成5厘米x5厘米x1厘米大小，然后加入一些盐去除水分。

3.洋葱切成厚条。

4.将肉汤和调味料，以及第1、2、3步的材料全部放到小锅里熬。

1

2

3

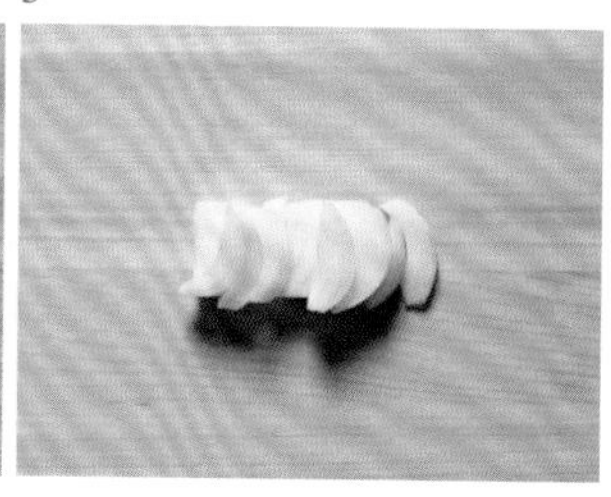

4

- 将调味料抹到茄子上再腌制的话会更加入味。
- 茄子具有去热功效。

虾肉豆腐稀饭

结束期辅食

豆腐是富含钙质的高蛋白食物，有助于宝宝牙齿和骨骼的形成，所以可以多多地喂给宝宝。在选择豆腐的时候一定要确认好是否含有添加成分。在烹制豆腐时，如果处理的太小容易碎，因此最好大块一些。

制作方法

* 材料

稀饭90克

虾1只

豆腐40克

洋葱10克

葱末少许

肉汤（或水）100毫升

1.去除虾线、皮和头部，将虾肉切碎。

2.豆腐和洋葱切成0.7厘米大小。

3.葱切碎。

4.将切碎的虾肉、洋葱、豆腐放入小锅里大火煮。

5.待第4步的材料开始沸腾时转成中火，然后将稀饭和第3步的葱末放入再煮5分钟，同时用木铲搅拌。

1

2

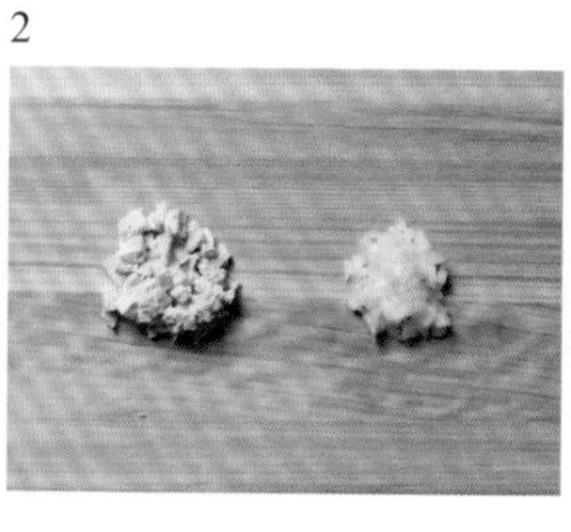

3

4

5

· 购买头和尾都完整的大虾。

卷心菜醋卷

结束期瘦身餐

卷心菜减肥最早风靡于日本。随着很多好莱坞明星使用卷心菜减肥后，卷心菜就成为非常受欢迎的减肥食品。此外，卷心菜还能够制作很多的食物，所以即便是减肥期间一直使用也不会感到厌烦。卷心菜对胃非常好，而且还具有一定的抗癌效果，因此成为了名副其实的健康食品。

制作方法

* 材料
卷心菜200克
黄瓜1/4个
胡萝卜1/4个
红灯笼椒40克
大米饭80克
百合醋材料
醋3大勺
盐1大勺

1.卷心菜切成10厘米x10厘米大小，然后用沸水焯一下。
2.将百合醋的所有材料放入小锅里，加入糖煮至完全融化。
3.将百合醋倒入准备好的大米饭里拌。
4.黄瓜、胡萝卜、红灯笼椒切成5厘米大小放入盐水中焯一下。
5.将第1步的卷心菜铺开，然后将第3步的大米饭、第4步的黄瓜、胡萝卜、红灯笼椒放到上方卷成卷。

1

2

3

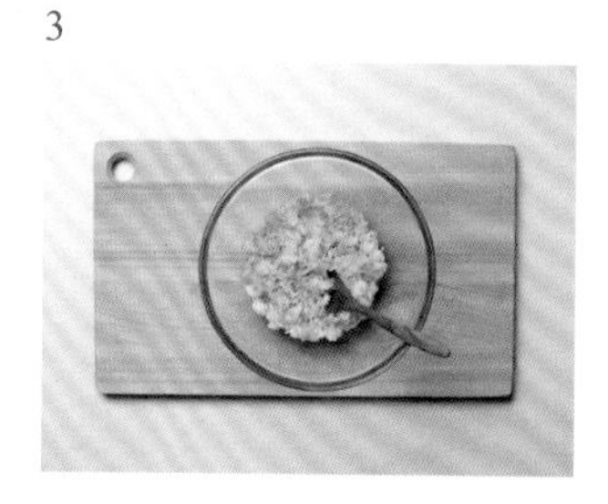

4

5

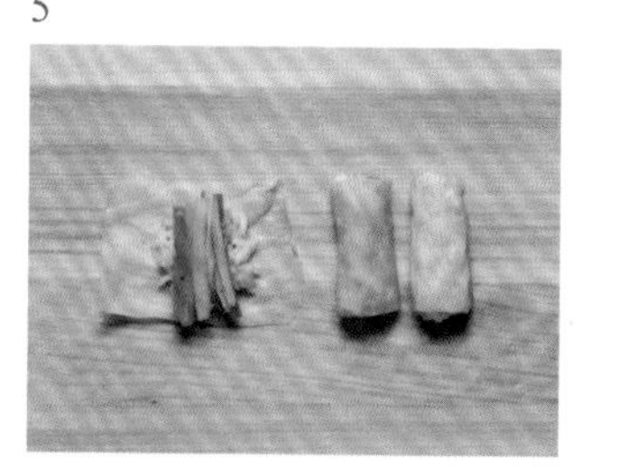

TIPS

- 百合醋中醋、盐的比例为3∶1。
- 百合醋还可以用于紫菜卷饭和油豆腐寿司中。
- 百合醋的保质期较长，所以可以提前做好放到冰箱里冷藏保存。
- 在制作百合醋的时候加入海带一起煮的话味道会更好。
- 卷心菜加热处理其内含有的硫磺成分会散发出特有的味道，此时加入一些醋会有效地去除异味。

营养西葫芦拌饭

结束期辅食

拌饭是一下子就能看到多种食材的美食，我们可以和宝宝一起边聊天拌饭一边享受美食。宝宝们都喜欢这些能够亲眼看到并触碰到的食物。如果宝宝有不喜欢的食材，不妨将其放到拌饭中让他们进行尝试。

制作方法

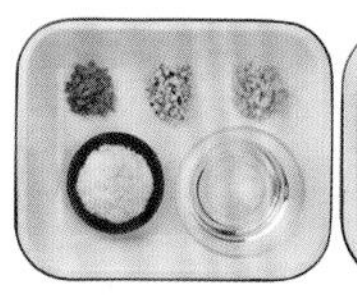

1.西葫芦、胡萝卜、香菇处理好之后切碎。
2.牛肉切碎后用洋葱汁和香油腌制一下后炒熟。
3.将第1步的西葫芦、胡萝卜、香菇和第2步的牛肉放到抹有橄榄油的平底锅中分别炒熟。
4.将炒好的牛肉和蔬菜放到稀饭上。
5.用大漏勺将蛋黄过滤到平底锅中摊成饼，切碎后加到稀饭上。

* 材料

稀饭60克，西葫芦15克
牛肉10克，香菇10克
胡萝卜10克，蛋黄1个
肉汤（或水）140毫升
橄榄油少许，洋葱汁少许
香油少许

1

2

3

4

5

・也可以将拌饭的材料切成条状。
・如果是干香菇的话，最好使用亲自晒好的。

莲藕牛蒡冷盘

结束期瘦身餐

牛蒡易买且价格低廉，是非常受欢迎的食材。将干牛蒡放到没有抹油的平底锅中翻烤干燥，味道香醇，还具有减肥的功效。

制作方法

* 材料
莲藕100克
牛蒡100克
鸡胸肉100克
梨30克
黄瓜30克
白糖少许
芥末调味汁材料
芥末1大勺
家制蛋黄酱大勺
松子粉1大勺
白葡萄酒1大勺

1.将所有的制作调味汁的材料混合在一起。
2.将莲藕、牛蒡切成0.5厘米的片，用沸水焯3分钟。
3.将鸡胸肉用沸水焯10分钟，然后撕成5厘米大小。
4.黄瓜切成薄片，梨切成2厘米x2厘米大小浸泡在糖水中。
5.将准备好的材料和调味汁倒入大碗均匀搅拌即可。

1

2

3

4

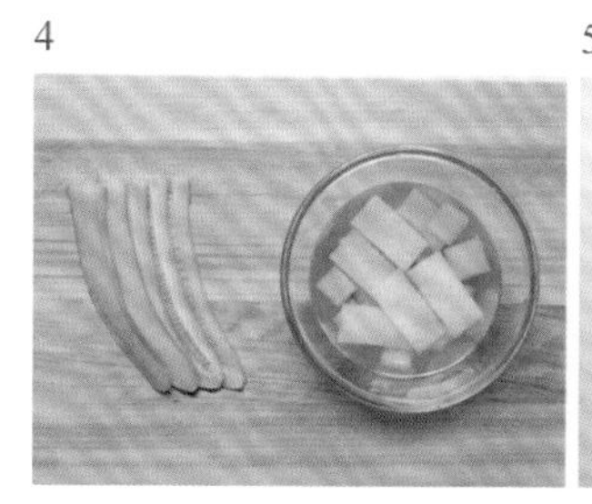

5

· 莲藕和牛蒡很快就会褐变，所以最好放到含有醋的水中浸泡。
· 莲藕和牛蒡在烹饪前焯一下会减少烹饪时间。

牛肉白菜盖饭

结束期辅食

盖饭是将酱汁浇盖在米饭的上面，然后将酱汁和米饭和着吃，因此会比较稀。结束期的时候可以根据实际情况对米饭的软硬度进行适当调节。虽然有些宝宝喜欢吃较硬的饭，但这个时期的宝宝对于硬饭还是不好消化的。

制作方法

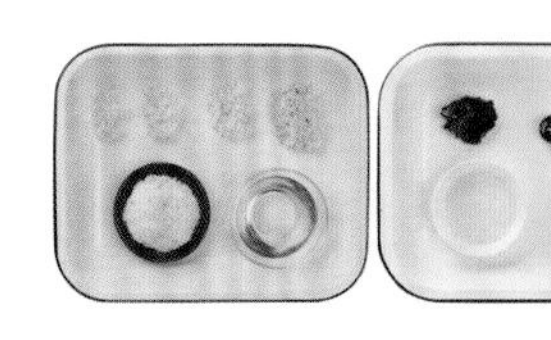

1.牛肉放到冷水中浸泡20分钟，去除血水。
2.将牛肉剁碎后放到梨汁中腌制10分钟。
3.金针菇、白菜、萝卜、洋葱切成0.7厘米大小。
4.将少许橄榄油抹在烧热的平底锅中，再将牛肉放入翻炒，最后放入第3步的材料炒1分钟。
5.将适量的肉汤倒入第4步的材料里煮7分钟。
6.待第5步的水开始变少的时候撒入淀粉搅拌，关火后浇盖在米饭上。

＊材料
稀饭90克，牛肉30克
金针菇20克，白菜10克
萝卜10克，洋葱10克
梨汁少许，橄榄油少许
淀粉混合物1/3大勺
肉汤（或水）85毫升

・如果不喜欢油大的食物，可以不加香油。
・如果能用煮牛肉的汤浇在饭上会更加美味。

酱炒油菜

结束期瘦身餐

油菜富含矿物质。由于它没什么苦味，即使生吃也不会有什么负担，作为沙拉用食材是再合适不过了。在烹饪的时候不需要让它熟烂，最好还是保持它松脆的口感。由于油菜一般都生吃或者稍微处理一下就可以食用了，所以可以最大限度地保留营养元素。

制作方法

＊材料

油菜4棵
蟹味菇4个
迷你红灯笼椒2个
胡萝卜1/4个
西葫芦1/4个
橄榄油少许

柚子蜜饯大酱调味汁材料

大酱1大勺
肉汤1大勺
柚子蜜饯1小勺

1.将调味汁的所有材料都混合在一起制成调料。

2.将油菜切成块凉拌后用沸水焯15秒，放到冷水中冷却后再放到大漏勺上滤水。

3.将蟹味菇、迷你红灯笼椒切成适当大小。

4.胡萝卜、西葫芦片成片，切成3厘米大小。

5.将少许橄榄油抹在烧热的平底锅中，倒入第3、4步的材料一起翻炒，期间倒入调味汁和油菜稍微炒一下。

1

2

3

4

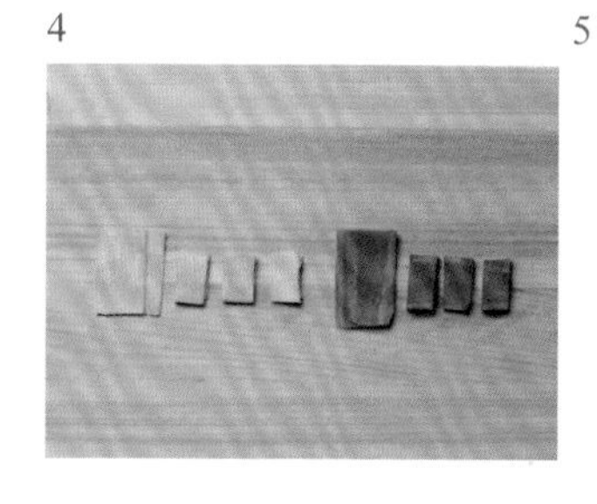

5

TIPS

・炒到调味汁开始黏稠为止。
・请用大酱来调味，而不要用盐。
・用大火炒菌类的话能感受到更加筋道的口感。

木须柿子盖饭

结束期辅食

西红柿与鸡蛋虽然是富含营养成分的食材，但却能够引起过敏，因此一定要小心食用。如果对西红柿和鸡蛋过敏的话，最好还是等周岁以后再尝试这两种食材。西红柿被《亚洲时报》评为十大健康食品，所以是宝宝必不可少的食物。

制作方法

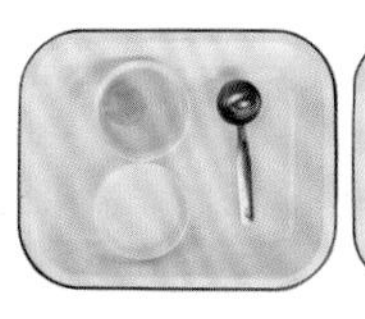
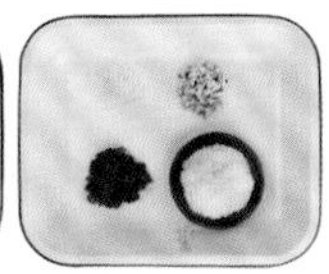

* 材料

稀饭90克，西红柿1个

松茸10克，洋葱10克

鸡蛋1个，牛奶1勺半

橄榄油少许

1.西红柿去皮后切成块。

2.松茸、洋葱切成0.7厘米大小。

3.鸡蛋去掉蛋黄后混入牛奶。

4.将少许橄榄油抹在烧热的平底锅中，然后倒入西红柿、松茸、洋葱翻炒。

5.将鸡蛋与牛奶混合倒入第4步的材料中均匀搅拌，待熟透之后浇盖在米饭上即可。

1

2

3

4

5

· 炒蔬菜的时候可以加入一些宝宝平时不喜欢的食材一起炒。

· 洋葱用小火长时间翻炒的话会散发出甜味。

西蓝花玉米豆腐豆乳羹

结束期瘦身餐

虽然平时不怎么喜欢西蓝花，但随着制作辅食，不知不觉就开始喜欢上了它。经过一系列的减肥活动发现没有比西蓝花更好的食材了。特别是它所富含的硒成分能够增强免疫力，所以减肥的时候一定要吃西蓝花。

制作方法

* 材料
西蓝花200克
玉米100克
洋葱50克
豆乳200毫升

1.西蓝花、洋葱、玉米焯好后用搅拌机搅碎。
2.将豆乳和第1步的材料放到小锅里煮7分钟，用木铲搅拌。

1

2

TIPS

· 最好使用无糖豆乳。
· 开始沸腾的时候会变得有黏性，请不要做的过干。
· 如果希望黏稠一些可以放土豆。

菠萝炒饭

结束期辅食

大家也可以尝试让宝宝品尝一下辅食以外的食物。泰式饮食中除去香辛料的炒饭就是不错的选择。炒饭的时候注意不要放太多油。虽然宝宝喜欢吃油大的食物，但是吃多了会对他们产生影响。

制作方法

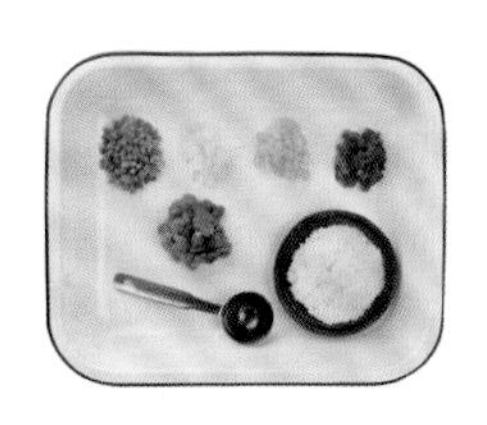

1.猪肉用纱布擦去血水后切成0.7厘米大小。
2.菠萝、洋葱、青椒、胡萝卜切成0.7厘米大小。
3.将少许橄榄油抹在烧热的平底锅中，然后按照洋葱、胡萝卜、猪肉、青椒、菠萝的顺序进行翻炒。
4.将米饭倒入第3步的材料中均匀翻炒。

＊材料
稀饭90克
猪肉30克
菠萝10克
洋葱10克
青椒10克
胡萝卜10克
橄榄油少许

1

2

3

4

・菠萝甜味较重，需要注意调节。
・青椒比灯笼椒要辣一些，如果宝宝感到很辣，可以用灯笼椒代替。

番茄豆腐绿色冷盘

结束期瘦身餐

番茄是最具代表性的红色食物。是越红营养成分越高的蔬菜它富含维生素A、维生素B、维生素C、维生素E。特别是维生素C含量非常高，而且由于它还含有矿物质和体内无法合成的β-胡萝卜素，所以适合每天食用。番茄能让人产生饱腹感，饭前食用番茄可以减少饭量。

制作方法

* 材料
小番茄6个
豆腐80克
小叶菜50克
洋葱10克
罗勒叶8张
帕玛森奶酪调味汁材料
罗勒叶5克
帕玛森奶酪4大勺
橄榄油4大勺
松子3克
蒜1/4个
盐少许
胡椒少许

1.将调味汁材料全部放入搅拌机中搅拌。
2.小番茄两等分。
3.豆腐用水焯过后切成2厘米大小的块儿。
4.将切成丝的洋葱与小叶菜、罗勒叶用冷水浸泡一下后放到大漏勺中滤水。
5.将第1、2、3、4步的材料全部倒入小锅里均匀搅拌后盛入碗中。

1

2

3

4

5

· 如果不喜欢罗勒叶的味道，可以换成芝麻叶或菠菜这类比较常规的蔬菜完成制作。
· 调味汁材料不用搅拌机，而用臼捣的话香味更浓。

宫廷炒年糕

结束期辅食

宝宝现在还不能吃辣辣的炒年糕。但我们可以给他们做用酱油来调味的宫廷炒年糕。我们可以选用外形美观的年糕，也可以选用像长条糕一样的糕类。虽然宝宝都很喜欢吃炒年糕，但如果吞咽不好会导致阻塞气管，所以要切成小块喂食，这一点妈妈们一定要注意。

制作方法

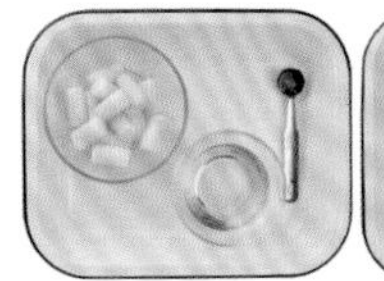
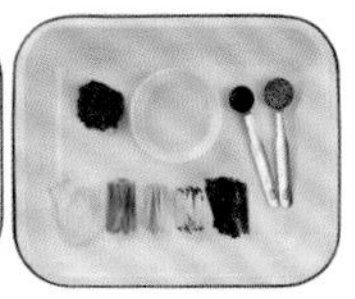

1.将炒年糕用的糕切成0.5厘米厚的小块，然后放到沸水中煮1分钟，然后倒入香油稍微拌一下。

2.牛肉用冷水浸泡20分钟去除血水后切碎，加入1/3大勺梨汁腌制一下。

3.洋葱、胡萝卜、香菇、黄瓜、紫菜切成1厘米大小的条。

4.将少许橄榄油抹在烧热的平底锅上，然后按照洋葱、牛肉、胡萝卜、香菇、黄瓜的顺序倒入锅中翻炒。待熟到一定程度时倒入适量的肉汤小火煮3分钟。

5.将第1步的材料放到第4步的材料中再煮3～4分钟。

6.待汤呈黏稠状时放入剩下的梨汁和酱油炒2分钟。最后撒入紫菜和芝麻，关火。

＊材料

炒年糕用的糕100克

牛肉30克

洋葱10克

胡萝卜7克

香菇5克

黄瓜5克

梨汁1勺

肉汤（或水）50毫升

紫菜少许

酱油少许

橄榄油少许

芝麻少许

1

2

3

4

5

6

・如果糕块过大需要将其切碎。

・如果糕过硬可以放到水中浸泡一下，或者可以稍微焯一下。

・如果能够自己磨米做糕是再好不过了。

拔丝甜南瓜地瓜

结束期瘦身餐

生完宝宝之后不知为何，总是觉得自己的身体有些不正常。特别是夏天的时候也会感到寒冷。此时最有效果的食材当属南瓜。南瓜中所含的维生素E可以起到缓解寒冷的效果。而且，甜南瓜中富含的维生素C还有利于皮肤美容。

制作方法

＊材料
甜南瓜80克
地瓜80克
橄榄油2大勺
砂糖1/2大勺
低聚糖2大勺
杏仁10克

1.甜南瓜、地瓜去皮后切成2.5厘米大小。
2.将处理好的甜南瓜和地瓜放到油里炸。
3.杏仁剁碎。
4.将少许橄榄油抹在烧热的平底锅中，加入适量的砂糖、低聚糖后用小火煮至完全融化，然后倒入炸好的甜南瓜和地瓜搅拌。
5.将杏仁撒入第4步的材料中。

1

2

3

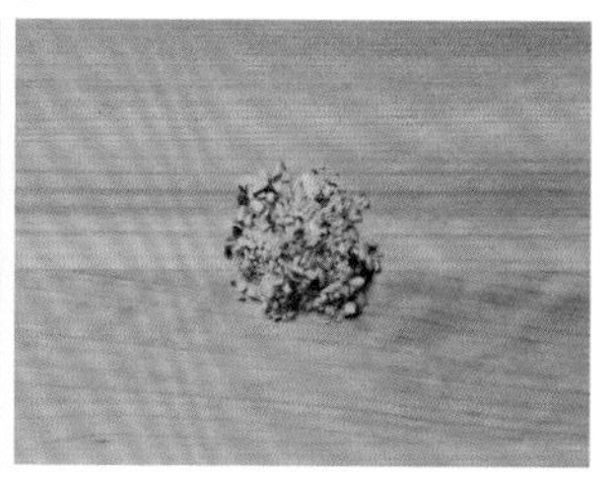

4

5

· 在做拔丝的时候，只有放入白糖才能使糖浆凝结。
· 也可以使用其他的坚果代替杏仁。
· 由于南瓜的水分问题，可能会降低松脆感。

西红柿酱面

结束期辅食

宝宝很喜欢吃用面粉制成的面条，特别是对面条的外形很感兴趣，总是想拿着玩儿。虽然面条吃多了不好，但是当宝宝没有胃口或不想吃饭时可以当成特餐做给他们。

制作方法

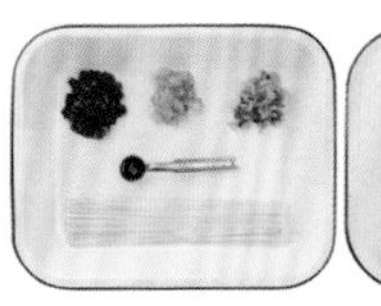

* 材料

面40克，贻贝3个
虾2只，西红柿1个
洋葱10克，西蓝花20克
大蒜1/2头，橄榄油少许
肉汤（或水）50毫升

1.贻贝在盐水中摇晃洗净，去除黑色内脏。
2.虾除去头、壳、虾线剪掉虾须用水洗净。
3.西红柿去皮后切成块，洋葱和大蒜切碎。
4.贻贝肉和虾肉切成0.7厘米大小，西蓝花切成稍微大一点的块儿。
5.将少许橄榄油抹在烧热的平底锅中，然后放入大蒜和洋葱翻炒，之后再加入西红柿、贻贝肉、虾肉、西蓝花和适量的肉汤煮至黏稠。
6.将面煮熟后放入第5步的材料中。

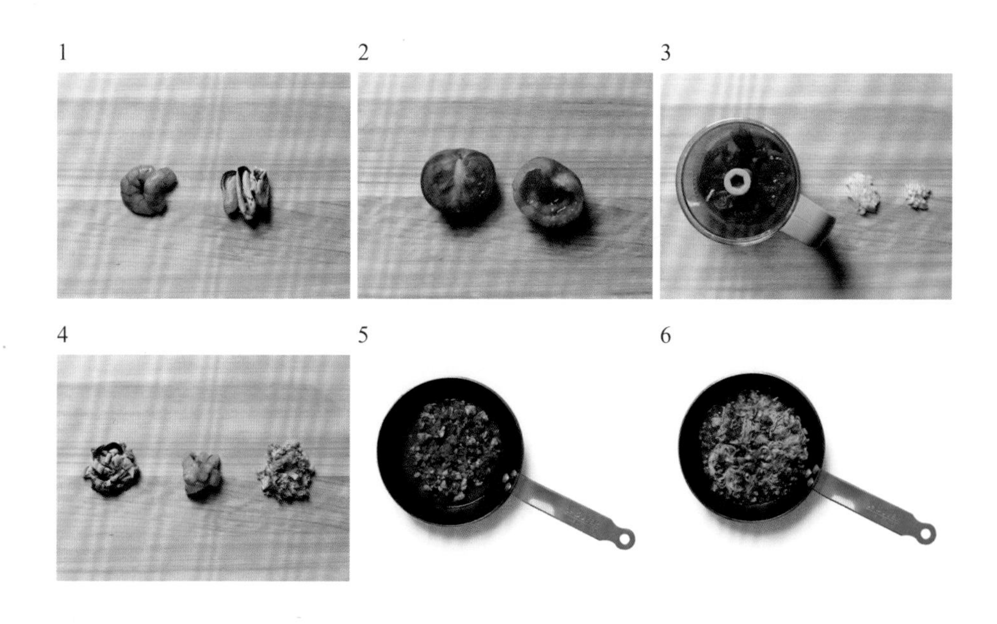

· 橄榄油会导致宝宝不好消化，所以不适合生吃。
· 与意面相比，小面更容易消化。

胡萝卜奶汁意大利面

结束期瘦身餐

胡萝卜中β-胡萝卜素的含量很高。β-胡萝卜素在体内转换成维生素A，具有抗酸化的效果，能够起到延缓皮肤和身体老化的作用。同时，由于它还有助于提高免疫力，所以在非常疲劳的时候食用会有奇效。

制作方法

* 材料

胡萝卜1个

虾6只

处理好的贻贝8个

牛奶200毫升

生奶油200毫升

土豆40克

胡椒粒3颗

月桂树叶1张

盐少许

1.将胡萝卜切成丝，放到大盆里撒上盐稍微腌制一下，然后滤水。

2.将土豆和牛奶放到搅拌机里搅。

3.虾肉和贻贝处理好之后去除水分。

4.将第2步的牛奶和生奶油、胡椒粒、月桂树叶放到小锅中，煮到土豆熟透并有一定的浓度。

5.待出现一定浓度的时候加入虾肉和贻贝继续煮。

6.将制作好的调味汁放到碗中，然后再将第1步的胡萝卜丝放到上方即可。

1　2

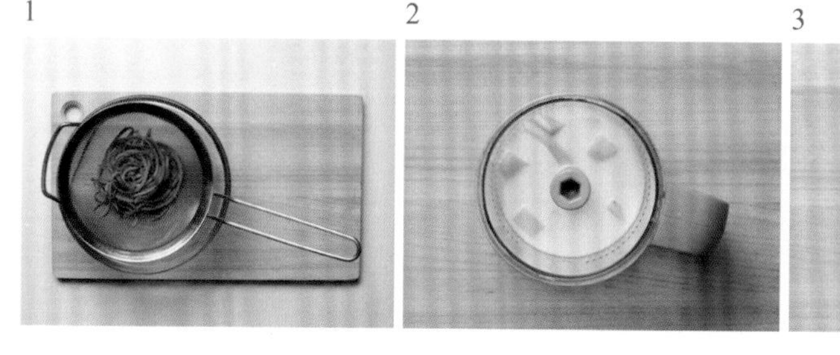

3

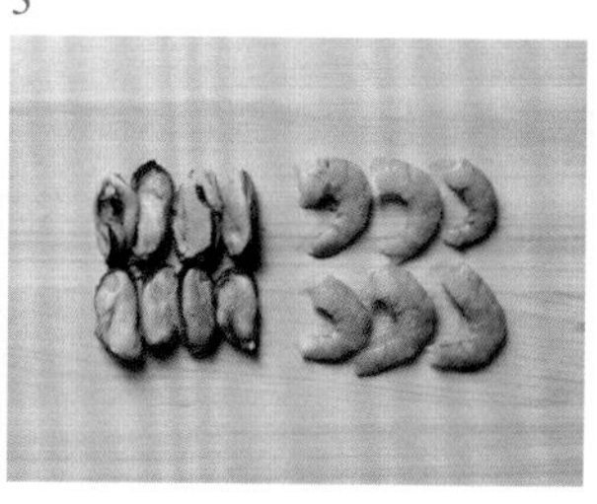

4

5

6

· 将胡萝卜切成丝时，由于中间部分很容易折，所以一定要多加小心。

· 也可用生奶油来代替黄油。

米饭蔬菜比萨

结束期辅食

用米饭制成的比萨由于松脆醇香，所以非常受宝宝们的欢迎。此外，其上的浇汁也可以制成多种多样的。如果能够将平时不喜欢吃的食材加入其中，或者是在制作的时候能够注意一下营养均衡的话，完全可以制成健康食品。现在最好还是不使用黄油。

制作方法

1.西红柿去皮后切成两半，然后去子。
2.牛肉用冷水浸泡20分钟去除血水。
3.牛肉、红灯笼椒、洋葱、西红柿切碎。
4.将少许橄榄油涂抹在烧热的平底锅中，然后把洋葱放进去翻炒。
5.按照牛肉、红灯笼椒、西红柿的顺序依次翻炒。
6.将米饭制成直径为10厘米的比萨形，然后涂上少许橄榄油翻烤。
7.将第5步的材料放到烤好的米饭上，然后放上奶酪盖上锅盖，直至奶酪完全融化。

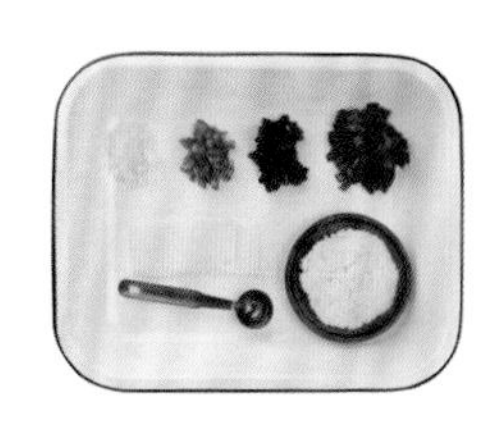

* 材料
米饭90克
西红柿50克
牛肉20克
红灯笼椒10克
洋葱10克
奶酪（幼儿用）1张
橄榄油少许

TIPS

・将制成的比萨放到微波炉中转30秒钟可以使奶酪完全融化。
・米饭制成的比萨味道香醇，口感松脆。

根菜蛋包饭

结束期瘦身餐

根菜类其生命力非常顽强。由于所有的营养成分都是通过根部从土壤中摄取的，其根部可以成为营养成分的集合体。特别是根菜类蔬菜由于根部是可以储藏后食用的，比起其叶子和果实更为健康。地瓜、莲藕、牛蒡、胡萝卜等根菜类食物都是弱碱性。

制作方法

* 材料
大米饭150克
甜南瓜20克
地瓜20克
土豆20克
莲藕20克
胡萝卜20克
鸡蛋1个
橄榄油少许
酱油少许
香油少许
盐少许
胡椒少许

1.甜南瓜、地瓜、土豆、莲藕、胡萝卜去皮后切成0.4厘米大小，然后用微波炉烤制5～8分钟。
2.将少许橄榄油涂抹在烧热的平底锅中，然后将第1步的根菜类放入翻炒，之后再加入米饭翻炒。
3.在炒饭中加入盐、胡椒、酱油、香油等调料调味。
4.将鸡蛋打入盆中搅碎后摊成薄薄的鸡蛋饼。
5.待鸡蛋熟透后将米饭放在中央，然后卷成卷后放到碗中。

TIPS

· 由于熟透需要的时间都差不多，所以可以一起进行处理。
· 如果感觉鸡蛋卷起来比较困难的话，也可以摊成鸡蛋饼之后直接盖到上面。

奶油龙须意面

结束期辅食

奶油不要一次喂食很多，要根据宝宝的情况来逐步增加。如果平时在宝宝喝的母乳或奶粉中混入一些奶油，宝宝会更容易接受。当宝宝吃类似于意面这种带调味汁的面条时，一般都会把桌子或家里弄得一团糟，但是不要过多追究，我们需要做的就是帮助他们干干净净地吃完。

制作方法

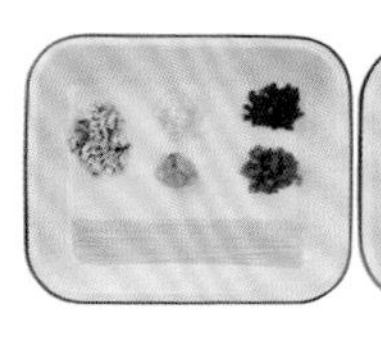
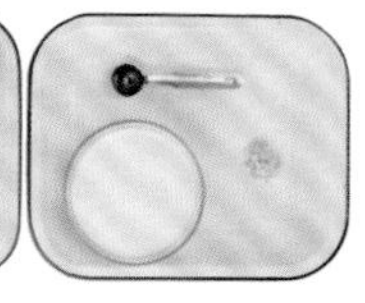

1.将处理好的土豆煮10分钟，然后放到大漏勺上碾碎。

2.将绿柿子椒、红柿子椒、松茸、虾肉、洋葱切成0.7厘米大小。

3.将少许橄榄油涂抹在烧热的平底锅中，然后按照洋葱、大蒜、虾肉、松茸的顺序进行翻炒。

4.将适量的牛奶倒入第3步的材料中煮5分钟。

5.将第1步碾碎的土豆加入到第4步的材料中继续煮，期间用木铲搅拌。

6.将龙须面放到放有少许盐的水中煮4分钟滤水，然后再与第5步的材料混合在一起。

* 材料

龙须面40克
土豆30克
绿柿子椒15克
红柿子椒15克
松茸10克
虾肉10克
洋葱10克
大蒜5克
牛奶200毫升
橄榄油少许
盐少许

1

2

3

4

5

6

TIPS

· 如果是到现在为止还没有喝过牛奶的宝宝，可以用母乳或奶粉代替。
· 过了周岁之后，请让宝宝开始练习喝牛奶。

西瓜牛排

结束期瘦身餐

西瓜的水分很多，容易让你产生饱腹感。特别是作为颜色食物的代表食材，其内含有红色的番茄红素。西瓜由于具有很强的抗酸效果，可以预防老化，而且西瓜皮中含有的瓜氨酸成分还能使干燥的皮肤恢复水嫩。

制作方法

＊材料
西瓜3块
白葡萄酒1/3杯
橄榄油少许
盐少许
胡椒少许
罗勒叶3张
意大利香醋调味汁材料
意大利香醋2杯
百里香10克
蒜10克

1.西瓜切成1厘米后的块儿。
2.将切好的西瓜放到抹有少许橄榄油的平底锅里烤，
然后倒入白葡萄酒。
3.用盐和胡椒来调味。
4.将蔬菜盛入碗中，然后倒入意大利香醋调味汁。
5.在完成的牛排中加入罗勒叶和百里香。

1

2

3

4

・在烤制西瓜的时候请用中火长时间烤制。
・直接加入意大利香醋也可以。

法式吐司

结束期辅食

在制作法式吐司的时候我没有使用砂糖，而是使用了“天然的糖浆”来给宝宝制作食物。不满周岁的宝宝食用蜂蜜的话有引起食物中毒的危险。如果想喂食蜂蜜的话可以等宝宝周岁以后再慢慢试探着加入。

制作方法

1.鸡蛋去除黄后搅碎，然后加入糖和牛奶。
2.面包去除四边后放到第1步的鸡蛋水中浸泡5分钟。
3.将黄油涂抹在烧热的平底锅中，然后放入面包前后翻烤，烤好之后将其四等分。

* 材料
面包1片
鸡蛋1个
糖1大勺
牛奶1大勺
无盐黄油少许

・可以用蜂蜜来代替，如果可以的话尽量使用“天然糖浆”。

洋葱土豆杏仁牛奶羹

结束期瘦身餐

如果想让对牛奶过敏或喝牛奶不消化的宝宝也能品尝到类似牛奶的味道，那么可以使用杏仁牛奶。杏仁中富含维生素E、钙、磷、盐等营养成分。钙和磷对骨骼非常好，所以杏仁牛奶是非常有利于宝宝、成长期儿童和产后女性的好食物。

制作方法

* 材料

土豆1个

洋葱1/4个

杏仁牛奶200毫升

1.土豆切成片之后煮熟。

2.将煮熟的土豆放到大漏勺上碾碎。

3.洋葱切成0.3厘米大小后用沸水稍微焯一下。

4.将土豆、洋葱、杏仁牛奶倒入小锅里煮，同时用木铲搅拌。

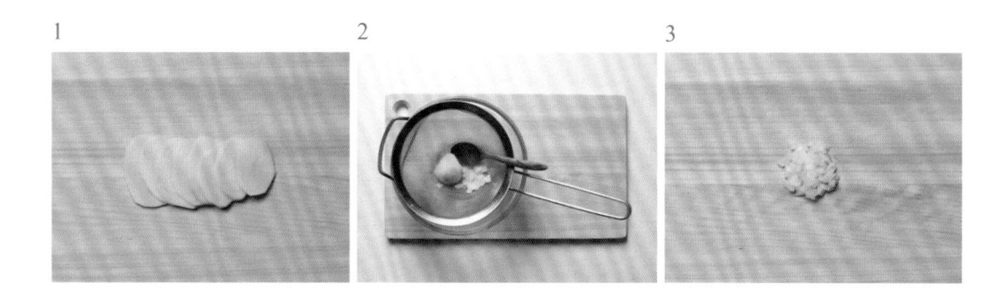

1 2 3

4

● 汤羹要煮至黏稠为止。

TIPS

· 土豆趁热放到大漏勺上碾的话会更容易。

· 杏仁牛奶可以将用水浸泡了8小时以上的杏仁和水按照1∶1的比率搅碎，然后用纱布过滤。

· 杏仁牛奶市面上也有销售。

结束期间食
蒸糕&罐头

• 鸡蛋西葫芦蒸糕

* 材料

鸡蛋黄2个，西葫芦1/2个，豆腐15克，胡萝卜5克，紫甘蓝5克，肉汤（或水）140毫升

* 制作方法

1.蛋黄用搅蛋器搅碎。

2.豆腐碾碎。

3.胡萝卜、紫甘蓝切成0.4厘米大小，然后加入鸡蛋、豆腐和适量的肉汤。

4.西葫芦放到模具挖空。

5.将第3步的材料放到第4步的西葫芦里，然后放到蒸锅里蒸15分钟。

•• 鸡蛋茄子蒸糕

* 材料

鸡蛋黄2个，茄子1/2个，豆腐15克，西葫芦5克，卷心菜5克，肉汤（或水）1/3杯

* 制作方法

1.蛋黄用搅蛋器搅碎。

2.豆腐碾碎。

3.西葫芦、卷心菜切成0.4厘米大小，然后加入鸡蛋、豆腐和适量的肉汤。

4.茄子放到模具挖空。

5.将第3步的材料放到第4步的茄子里，然后放到蒸锅里蒸10分钟。

••• 腰果调味汁蔬菜蒸糕

* 材料

腰果10克，地瓜30克，土豆30克，甜南瓜30克，牛奶4大勺

* 制作方法

1.地瓜、土豆、甜南瓜煮熟后切成1厘米大小。

2.腰果和牛奶放到搅拌机里搅碎。

3.地瓜、土豆、甜南瓜放到碗中，然后浇上第2步的调味汁。

•••• 金枪鱼坚果罐头

* 材料

小银鱼30克，核桃仁15克，黑芝麻10克，橄榄油少许

* 制作方法

1.将小银鱼放到没有抹油的平底锅中炒，然后放到大漏勺中碾碎。

2.核桃仁切碎。

3.将少许橄榄油涂抹在烧热的平底锅中，然后将第1步的小银鱼，第2步的核桃仁和黑芝麻放入其中翻炒。

结束期间食
其他间食

• 八宝饭

* 材料

糯米150克，栗子10个，核桃仁20克，葡萄干30克，松子仁10克，酱油1勺半，水150毫升

* 制作方法

1.糯米浸泡40分钟以上然后滤水。

2.将水、酱油混在一起。

3.栗子、核桃仁、葡萄干切成大块。

4.将第1步的糯米，第3步的栗子、核桃仁、葡萄干和适量的松子仁放到电饭锅中，然后倒入第2步的调味汁之后蒸饭。

••• 儿童意大利乡村奶酪

* 材料

柠檬1/2个，牛奶600毫升

* 制作方法

1.柠檬用粗盐揉搓洗净。

2.用榨汁机榨出汁。

3.将牛奶倒入小锅里大火热一下，待小锅周边出现泡沫时倒入柠檬汁，1分钟后关火。

4.将第3步的材料放到纱布上过滤。

•• 木须柿子

* 材料

西红柿1个，鸡蛋1个，洋葱1/4个，红灯笼椒1/4个

橄榄油少许

* 制作方法

1.西红柿用沸水焯过后去皮，切成两半后去子。

2.西红柿、洋葱、红灯笼椒切成0.5厘米大小。

3.鸡蛋去除黄后搅碎。

4.将少许橄榄油涂抹在烧热的平底锅中，然后将第2步的西红柿、洋葱、红灯笼椒放进去翻炒，之后再加入第3步的鸡蛋翻炒。

•••• 香蕉玉米粒罐头

* 材料

玉米1/2个，香蕉1/3个

* 制作方法

1.玉米煮熟后放到大漏勺上碾碎。

2.将香蕉混入第1步的材料即可。

宝宝辅食&妈妈瘦身餐记录

	星期__	星期__	星期__	星期__	星期__	星期__	星期__
	__月__日	__月__日	__月__日	__月__日	__月__日	__月__日	__月__日
宝宝							
妈妈							

	星期__	星期__	星期__	星期__	星期__	星期__	星期__
	__月__日	__月__日	__月__日	__月__日	__月__日	__月__日	__月__日
宝宝							
妈妈							

	星期__	星期__	星期__	星期__	星期__	星期__	星期__
	__月__日	__月__日	__月__日	__月__日	__月__日	__月__日	__月__日
宝宝							
妈妈							

宝宝辅食&妈妈瘦身餐记录

	星期__	星期__	星期__	星期__	星期__	星期__	星期__
	__月__日	__月__日	__月__日	__月__日	__月__日	__月__日	__月__日
宝宝							
妈妈							

	星期__	星期__	星期__	星期__	星期__	星期__	星期__
	__月__日	__月__日	__月__日	__月__日	__月__日	__月__日	__月__日
宝宝							
妈妈							

	星期__	星期__	星期__	星期__	星期__	星期__	星期__
	__月__日	__月__日	__月__日	__月__日	__月__日	__月__日	__月__日
宝宝							
妈妈							

宝宝辅食&妈妈瘦身餐记录

	星期__	星期__	星期__	星期__	星期__	星期__	星期__
	__月__日	__月__日	__月__日	__月__日	__月__日	__月__日	__月__日
宝宝							
妈妈							

	星期__	星期__	星期__	星期__	星期__	星期__	星期__
	__月__日	__月__日	__月__日	__月__日	__月__日	__月__日	__月__日
宝宝							
妈妈							

	星期__	星期__	星期__	星期__	星期__	星期__	星期__
	__月__日	__月__日	__月__日	__月__日	__月__日	__月__日	__月__日
宝宝							
妈妈							

宝宝辅食&妈妈瘦身餐记录

	星期_	星期_	星期_	星期_	星期_	星期_	星期_
	_月_日	_月_日	_月_日	_月_日	_月_日	_月_日	_月_日
宝宝							
妈妈							

	星期_	星期_	星期_	星期_	星期_	星期_	星期_
	_月_日	_月_日	_月_日	_月_日	_月_日	_月_日	_月_日
宝宝							
妈妈							

	星期_	星期_	星期_	星期_	星期_	星期_	星期_
	_月_日	_月_日	_月_日	_月_日	_月_日	_月_日	_月_日
宝宝							
妈妈							

图书在版编目（CIP）数据

宝贝时令果蔬辅食餐 / （韩）柳汉娜主编 ； 王志国译. -- 长春 ： 吉林科学技术出版社, 2015.9
ISBN 978-7-5384-9749-6

Ⅰ.①宝… Ⅱ.①柳… ②王… Ⅲ.①婴幼儿—食谱 Ⅳ.①TS972.162

中国版本图书馆CIP数据核字（2015）第219704号

宝贝时令果蔬辅食餐

主　　编　[韩]柳汉娜
　　　译　王志国
助理翻译　盛　辉　潘政旭　史方锐　张传伟　张　植
审　　书　赵爱京
出 版 人　李　梁
责任编辑　孟　波　王　皓
封面设计　长春美印图文设计有限公司
制　　版　长春美印图文设计有限公司
开　　本　710mm×1000mm　1/16
字　　数　270千字
印　　张　17
印　　数　1-5000册
版　　次　2016年1月第1版
印　　次　2016年1月第1次印刷

出　　版　吉林科学技术出版社
发　　行　吉林科学技术出版社
地　　址　长春市人民大街4646号
邮　　编　130021
发行部电话/传真　0431-85635176　85651759　85635177
　　　　　　　　85651628　85652585
储运部电话　0431-86059116
编辑部电话　0431-85635186
网　　址　www.jlstp.net
印　　刷　吉林省吉广国际广告股份有限公司

书　　号　ISBN 978-7-5384-9749-6
定　　价　39.90元
如有印装质量问题可寄出版社调换